TEMA 26

MÉTODOS DE ESTUDIO DE LA CÉLULA.
CÉLULAS PROCARIONTAS Y
EUCARIONTAS. LA CÉLULA ANIMAL Y
VEGETAL. FORMAS ACELULARES.

I0483906

0. INTRODUCCIÓN

La cantidad de metodologías dedicadas al estudio de las células hoy en día es, sencillamente, inabarcable en dos horas de exposición. Trataré de ilustrar esta idea. Una visita a la página web de la Universidad de Barcelona, en Octubre de 2007, revela que entre las publicaciones que se reciben periódicamente, 101 contienen exactamente el término "cell" en el título de la revista (Cell, Biology of the cell, Cell proliferation,...).

Si examinamos una de ellas, por ejemplo la más conocida, la revista "Cell", vemos que consta de promedio de 10-15 artículos en cada número, mostrando investigaciones en el campo de la citología.

Obviamente, no todas las técnicas empleadas en estos experimentos son originales y novedosas, pero un buen porcentaje sí, o, al menos, se aplican a casos peculiares, con lo que esto supone en cuanto a modificación de las condiciones.

Tras ilustrar la magnitud del volumen de información existente, por lo que creo que toda aproximación de 10 folios al tema es muy reducida, pasaré a exponer de forma ordenada los avances más significativos, desde una perspectiva histórica, que han dado lugar al gran desarrollo actual de estos estudios. Me basaré en el siguiente orden... (es muy conveniente exponer con claridad, aquí al principio, el orden que se va a seguir, leer el índice de una forma ágil)

1. VISUALIZACIÓN DE LAS CÉLULAS A DISTINTOS NIVELES

1.1. Microscopía óptica

1.1.1. Historia

Se recomienda introducir de forma breve la historia de esta técnica. Para ello, pueden servir las siguientes ideas:

En los apartados "**3.1. Primeras observaciones de células**" y "**3.3. La descripción histórica del interior celular**", **del Tema 22 de este temario**, se hace un repaso histórico de los primeros usos de la microscopía óptica en biología, que puede ser empleado muy bien en este capítulo. Este capítulo, no obstante, acaba con la primera descripción del aparato de Golgi y no cita algunos avances en materia de tinción y fijación que son importantes. Añadiré a continuación algunas referencias a este respecto.

1882 → Robert Koch ensaya los colorantes de anilina y resultan ser muy eficaces en la detección de bacterias (Micobacteryum tuberculosis y Vibrio cholera). Años más tarde serán empleados por Edwin Klebs y Louis Pasteur en la detección de muchos otros agentes patógenos.

1884 → el bacteriólogo danés Christian Gram describe la técnica de tinción bacteriana que lleva su nombre.

1924 → Antoine Lacassagne desarrolló el primer experimento de incorporación de átomos radiactivos (en concreto, polonio) para visualización de muestras biológicas.

1932 → se pueden observar células vivas al microscopio, gracias al primer microscopio de contraste interferencial (Lebedeff, 1930) y al primer microscopio de contraste de fases creado por Frits Zernike en 1932, por el que recibiría el premio Nobel de Física en 1953.

1941 → Albert H. Coons publica el primer marcaje radiactivo de anticuerpos con fluoresceína, exponiendo al año siguiente los primeros resultados propios de la técnica de la inmunofluorescencia.

1952 → Georges Nomarski patenta el conocido prisma de Nomarski (dos prismas triangulares de cuarzo o calcita unidos por la hipotenusa), con el que se mejora el microscopio de contraste interferencial.

1968 → Petran y colaboradores construyen el primer microscopio que permitía ver imágenes tridimensionales de las células (microscopio confocal).

1981 → se empiezan a introducir los primeros tratamientos de video amplificación a la microscopía óptica, que se continuarán con todo el conjunto de técnicas recientes de tratamiento informático de la imagen.

1.1.2. Poder de resolución de la microscopía óptica

Existe un límite teórico de resolución del microscopio óptico, que viene dado por la naturaleza ondulatoria de la luz incidente (luz visible, de longitud de onda =380-780 nm). Este límite se establece en 200 nm (0.2μm), y muchos microscopios de final de siglo XIX ya alcanzaban resoluciones cercanas. Curiosamente, los actuales microscopios, producidos en serie, presentan resoluciones peores que los de aquella época.

Es interesante citar y comentar la fórmula que permite el cálculo del poder de resolución, para explicar la influencia de diversos factores. El poder de resolución viene dado por un cociente entre:

- Numerador: 0.61*longitud de onda

- Denominador: n*senα (donde n es el índice de refracción del medio y α es la mitad de la anchura angular del cono de rayos colectado por el objetivo). Este denominador también se llama apertura numérica. La apertura numérica tiene un valor máximo de 1 para el aire y de 1.4 para el aceite de inmersión. Por eso con este último medio la resolución mejora.

1.1.3. Preparación de las muestras

Las muestras para microscopía óptica tradicional han de ser fijadas, endurecidas, seccionadas y teñidas. Otros tipos de microscopía óptica, los que permiten observación de células in vivo, no se preparan mediante estos pasos.

a) Fijación

El objetivo de la fijación es triple:
- que las muestras obtengan consistencia para ser seccionadas
- que los componentes de la muestra queden inmovilizados
- que la muestra se haga permeable a los colorantes

Los primeros procedimientos de fijación empleaban la simple inmersión en etanol. Posteriormente se empezaron a emplear aldehídos activos (formaldehido, glutaraldehido), que enlazan covalentemente los grupos amino de diferentes proteínas entre sí, formando una red compacta que inmoviliza la disposición original. Actualmente, la disolución de formaldehido al 10% en tampón fosfato (PBS) es un opción muy usual.

b) Procesado e inclusión

Las muestras se deshidratan (por ejemplo, pasándolas por disoluciones de concentración creciente de etanol). Posteriormente se introducen en xileno y finalmente en parafina durante unas 12h, durante este tiempo la parafina sustituye al xileno y va adquiriendo dureza al enfriarse.

Otra manera, más sencilla, de llegar hasta este punto es la congelación rápida de muestras vivas. Aunque tiene sus ventajas, porque hay ceras y resinas que dañan componentes celulares, debe hacerse con cuidado para evitar artefactos provocados por los cristales de hielo.

c) Sección

Mediante un micrótomo, las muestras son cortadas en láminas de entre 1-10 μm de grosor (más finas que el diámetro promedio de la muchas células), que se colocan en el portaobjetos. El aparato empleado en la laminación de tejidos congelados se denomina criostato.

d) Tinción

Existen numerosísimos protocolos de tinción en el estudio de células y tejidos. Comentaré a continuación algunas técnicas que se emplean pero que no pueden ser usadas en muestras celulares vivas.

La tinción con hematoxilina-eosina tiene como objetivo generar un contraste entre las sustancias acidófilas de la célula (teñidas de rojo con eosina, normalmente componentes citoplasmáticos) y las basófilas (normalmente el ADN del núcleo, teñidas de azul por la hematoxilina). Esta tinción colorea especialmente bien los eritrocitos, que adoptan un tono rojo intenso.

En algunos casos se emplea una técnica derivada de la anterior y más elaborada: la tinción de Romanowsky (y algunas derivadas como la tinción de Wright, la tinción de Jenner, la de Leishman, o la de Giemsa). En ella se emplea azul de metileno oxidado (azur A y azur B) y eosinato (forma reducida de la eosina). Todas estas técnicas son especialmente adecuadas en la tinción de muestras sanguíneas, ya que permiten distinguir algunos leucocitos, así como algunos parásitos típicos (plasmodium falciparum)

La tinción de Gram, propuesta en 1884, se emplea en la coloración de bacterias en función de las características de su pared. Se emplea cristal violeta para teñir la pared, reforzando su acción con iodo, y safranina o fucsina para resaltar con un contraste rojo los componentes no teñidos.

La combinación de safranina con verde malaquita se emplea también en microbiología, especialmente en la tinción de esporas.

Tinción PAS (o del ácido periódico del Schiff). Se emplea en la detención de glúcidos.

El protocolo tricromático de Masson permite distinguir muy claramente los núcleos (negros) del citoplasma rosa muy tenue (y del material extracelular, rojo en el caso de la queratina y las fibras musculares, azul para el colágeno y la matriz ósea,...)

Tinción con plata. La plata se une específicamente a algunas proteínas (por ejemplo, el colágeno tipo III) y algunas secuencias de ADN. La combinación de nitrato de plata con dicromato potásico produce la precipitación de cromato de plata en neuronas (método ideado por Golgi y empleado por Ramón y Cajal en su defensa de la teoría neuronal).

Tinción con derivados del Sudán. Algunos colorantes (Sudán III, Sudan IV, Negro Sudán B,...) tiñen específicamente lípidos.

Comentaré ahora brevemente la acción de algunos colorantes que pueden emplearse en muestras vivas. Estos colorantes (denominados a veces colorantes vitales) pueden ser tóxicos, por lo que suelen emplearse de forma muy diluida (de 1:5000 a 1: 500000).

Un gran grupo de moléculas corresponde a fármacos de unión selectiva a ADN. Cabe destacar el Hoechst 33258 y Hoeschst 33342, el DAPI y el Naranja de Acridina, que permiten ver el ADN bajo luz ultravioleta. En este grupo estaría también el bromuro de etidio. Este último colorante suele emplearse en células en fase de apoptosis terminal, pues es letal a dosis bajas.

Si se usa en concentraciones bajas, el yodo puede teñir gránulos de almidón presentes en células.

Otro gran grupo de sustancias lo constituyen proteínas fluorescentes como la GFP (Green Fluorescent Protein) empleadas en la microscopía de fluorescencia, que veremos en el siguiente apartado.

1.1.4. Tipos de microscopios

a) Microscopio de campo claro

Es el procedimiento más antiguo y simple de microscopía. La muestra se ilumina desde abajo y se observa desde arriba. Precisa tinción de las muestras. Sus principales inconvenientes son: la falta de contraste de algunas muestras y la poca resolución de las zonas periféricos.

b) Microscopio de fluorescencia

Un marcador fluorescente es aquel que se estimula con luz de una determinada longitud de onda ($\lambda_{absorción}$) y emite fluorescencia a otra longitud de onda ($\lambda_{emisión}$). Esta técnica se basa en conocer ambos parámetros para una sustancia presente o incluida en el tejido vivo a estudiar, colocar adecuadamente dos filtros de radiación y asegurarnos que vemos sólo la ubicación de nuestro marcador.

Inicialmente se emplearon la fluoresceína (absorbe en la franja del azul y emite un intenso amarillo-verdoso) y rodamina (absorbe en la franja del verde-amarillo y emite en un rojo intenso). Ambos marcadores se pueden unir a proteínas cuya ubicación nos interese y emplearlos para su seguimiento in vivo.

Es la denominada "citoquímica análoga fluorescente", muy útil por ejemplo en estudios de desarrollo embrionario.

En esta técnica, se pueden combinar los filtros de forma que pueda verse una imagen simultánea de ambos marcadores.

c) Microscopía de contraste de fases.

La fase de la onda lumínica incidente se modifica en función del índice de refracción de la muestra. Aprovechando este principio, se pueden ver, bien diferenciadas, partes de la célula sin necesidad de teñirla ni de realizar ningún protocolo de fijación.

d) Microscopía de iluminación oblicua

La luz que ilumina las muestras presenta cierta inclinación, lo que confiere cierta apariencia tridimensional a las imágenes. Una variante interesante de esta técnica es el microscopio de modulación del contraste de Hoffmann, incorporado en los microscopios invertidos que se usan para observar cultivos celulares.

e) Microscopio de campo oscuro

Este método optimiza la dirección de la luz incidente con el propósito de que la cantidad de luz que atraviesa la muestra sea mínima. De esta forma, prácticamente sólo se detecta la luz desviada por la propia muestra. Resulta muy útil para observar células transparentes no teñidas.

Esta técnica puede combinarse con la denominada iluminación de Rheinberg, que mediante unos filtros cromáticos consigue que la imagen se vea en amarillo sobre un fondo azul. Este procedimiento mejora la resolución dado que el ojo humano presenta sensibilidad máxima para el amarillo, y éste presenta contraste máximo frente a azul.

f) Microscopía de contraste interferencial

Mediante el uso de un prisma de Nomarski, el haz de luz se divide en un rayo ordinario y un rayo accesorio. Estos rayos atraviesan la muestra y vuelven a cruzar un prisma de Nomarski idéntico pero invertido. En el caso de una muestra homogénea, ambos rayos se unirán exactamente como estaban. Las desviaciones en este proceso reflejaran la heterogeneidad de la muestra y formarán la imagen final.

Esta técnica produce imágenes tridimensionales. Ahora bien, hay que tener en cuenta que el relieve mostrado puede tener cierto error.

g) Microscopía confocal

Basándose en la superposición de imágenes a diferentes niveles de enfoque, el microscopio confocal produce imágenes muy precisas y tridimensionales de las muestras, superando ligeramente la resolución del microscopio de campo claro. Suele ser un complemento muy bueno a la microscopía de fluorescencia.

h) Microscopía de deconvolución

En la microscopía de fluorescencia, las señales provenientes de diferentes planos de enfoque se superponen mezclando información que podría ser útil para construir imágenes tridimensionales. El microscopio de deconvolución realiza un tratamiento informático de estos datos y genera imágenes tridimensionales a partir de fluorescencia.

1.2. Microscopía electrónica

En vez de basarse en la desviación de los fotones del espectro visible, la microscopía electrónica aprovecha la desviación en la trayectoria de los electrones para generar imágenes mucho más precisas de las células.

Los electrones se mueven de forma aleatoria, por lo que el microscopio electrónico tiene también un límite de resolución. En un microscopio con un voltaje de aceleración de cien mil voltios, la longitud de onda de un electrón es de 0,004nm, lo que implicaría un poder de resolución de 0,002nm (¡cien mil veces mayor que la del microscopio óptico!). Sin embargo, el poder de resolución es de 0,1nm, porque las aberraciones de las lentes electrónicas (basadas en efectos magnéticos) son mucho más difíciles de corregir que las ópticas. Si a ello añadimos el tratamiento que se debe hacer a las muestras biológicas para obtener el contraste adecuado, la resolución sube a 2nm.

1.2.1. Historia de la microscopía electrónica

En 1926, Busch mostró la posibilidad de enfocar un haz de electrones en un punto mediante una lente magnética cilíndrica. Este principio técnico fue determinante para que en 1931 se construyera el primer microscopio electrónico de transmisión (Ruska y col.), que no sería comercializado hasta 1940, a cargo de Siemens

Sólo cuatro años más tarde, Knoll estableció la base teórica de la microscopía electrónica de barrido, que fue materializada en el primer microscopio de este tipo, construido por Von Ardenne en 1938.

El contraste obtenido con esta técnica mejoró gracias a la obtención de cortes finos (0,1-0,2 micras) y la adición de metales pesados (tetróxido de osmio) a las muestras, realizada durante la década de los 40, al mismo tiempo que el microscopio electrónico servía para observar células por primera vez.

La técnica fue evolucionando y se consiguieron secciones ultrafinas de material biológico que permitían ver muy bien ciertos orgánulos celulares. Ya en 1952, Huxley mostró la superposición de fibras en las células musculares dando un apoyo estructural clave a la explicación del mecanismo de contracción.

En la década de los 50 se desarrollo el ultramicrótomo, y se empezó a utilizar la resina epoxi Araldite como un medio de inclusión muy adecuado. Destaca como fruto de estos avances la primera imagen de la estructura trilaminar de la membrana plasmática (corte transversal), observada por Robertson en 1957.

Ese mismo año se introdujeron mejoras esenciales en la técnica de criofractura, que permitirían la visualización del interior de la membrana plasmática (Branton, 1966).

En 1965, la empresa Cambridge Instruments introduce en el mercado el primer microscopio electrónico de barrido. Tres años más tarde se describieron las técnicas para reconstruir estructuras 3D a través de imágenes bidimensionales superpuestas.

En 1975 se determinó, a baja resolución, la estructura de la primera proteína de membrana. En 1997 se determinó la estructura del ribosoma y de algún virus a una resolución bastante aceptable (8-10 Å).

1.2.2. Microscopía electrónica de transmisión

Consta de las siguientes partes...

- una fuente emisora de electrones
- un conjunto de lentes magnéticas que dirigen el haz de electrones
- una cámara de vacío por la que circularán los electrones sinel riesgo de ser desviados por las partículas del aire (de mayor tamaño que ellos y cargadas eléctricamente)
- una zona receptora del haz electrónico y un sistema de integración de la señal para formar la imagen final

El haz de electrones es conducido gracias a las lentes a través de la cámara de vacío y es focalizado por éstas sobre la muestra. Parte de la radiación rebota, parte es absorbida y parte impregna el sistema de registro, permitiendo obtener una imagen de alta resolución mediante un tratamiento informático.

Como las muestras han de introducirse en una cámara de vacío, no es posible trabajar con materiales vivos ni húmedos. Además, los cortes han de ser muy finos (50-100 nm de espesor), por lo que es necesario incluir la muestra en una resina y cortar con el ultramicrótomo.

El protocolo más extendido es la utilización de una fijación doble con glutaraldehido y tetróxido de osmio. El primero genera puentes covalentes entre los grupos amino de las proteínas y el segundo une y estabiliza las bicapas lipídicas porque reacciona con las insaturaciones de los ácidos grasos. El tetróxido de osmio también tiene otro efecto importante, conseguir un contraste. Las zonas ricas en lípidos aparecerán más oscuras en las micrografías, porque el osmio absorbe los electrones y no llegan a la imagen final.

Una aplicación interesante de esta metodología es que permite detectar la ubicación de moléculas concretas si a estas se les ha podido añadir previamente un átomo de un metal pesado. Se utilizan mucho los anticuerpos unidos a oro, por la alta especificidad que presentan en la unión a una diana molecular concreta.

Otra posibilidad interesante de esta técnica es la reconstrucción de estructuras 3D a partir de series de imágenes bidimensionales consecutivas. Se trata de un procedimiento análogo al TAC (Tomografía Axial Computerizada) de uso en medicina. Mediante este procedimiento se conoce hoy en día la estructura fina de estructuras celulares que no aparecen en superficie y no pueden ser observadas por microscopía de barrido. Además, permite el cálculo de propiedades de estas estructuras como el volumen, el coeficiente hidrodinámico, etc. O la presencia de subestructuras (nucléolo, crestas mitocondriales, tilacoides,...)

Si la muestra se bombardea, previamente a la observación, con un haz oblicuo de platino, se forma una fina capa metálica con sombras. Este procedimiento, denominado sombreado metálico, permite observar la superficie de la muestra (igual que hará el microscopio de barrido) pero ligeramente con mayor resolución.

1.2.3. Microscopía electrónica de barrido

No utiliza los electrones que han atravesado la muestra sino aquellos que han sido reflejados por ella. De esta forma, permite obtener información del relieve superficial de la muestra, sin poder no obstante acceder al interior.

La muestra seca se recubre de una fina capa de un metal pesado y sobre ella actúa un mecanismo de incidencia peculiar. Un haz de electrones bombardea la muestra y la cantidad de electrones dispersados por la superficie es utilizada para modular la intensidad de un segundo haz, que se proyecta de forma perpendicular sobre una pantalla reconstruyendo la imagen.

La resolución, no obstante, es algo menor que en la microscopía de transmisión.

1.2.4. Criofractura y grabado por congelación

Se trata de dos técnicas que, empleadas de forma consecutiva, permiten ver el interior celular.
El primer paso es la criofractura. Consiste en golpear una muestra congelada con una microcuchilla, obteniendo fragmentos de la misma. Los planos de fragmentación a ceves coinciden con estructuras interesantes (como, por ejemplo, el interior de la bicapa lipídica) que aparecen en la superficie de la muestra y pueden ser observadas posteriormente.

Seguidamente, se aplica la técnica de grabado por congelación. Se pulveriza un metal sobre la muestra formando una fina capa. Esta capa se recubre con carbono activo pulverizado en forma de aerosol. Finalmente se elimina la muestra y se visualiza la cara inversa de la capa de carbono.

1.2.5. Tinción negativa y microscopía crioelectrónica

Se trata de dos técnicas que se basan en la microscopía electrónica para obtener estructuras aproximadas de grandes complejos macromoleculares.

En la primera de ellas, se pulveriza una sal de un metal pesado (acetato de uranilo, se ha empleado a veces) sobre una superficie horizontal, formando una película metálica. Sobre esa película se depositan las partículas de interés. Finalmente se lava la superficie, eliminando las partículas, y se ve la forma del hueco creado por cada una de ellas.

En la microscopía crioelectrónica una muestra hidratada se ultracongela y se introduce (en un portaobjetos especial) en la cámara de vacío a -160°C, sin necesidad de fijar el material. Mediante esta técnica se han observado imágenes tridimensionales de virus a una resolución aceptable.

2. ANÁLISIS DE LOS COMPONENTES CELULARES

Una célula puede ser disgregada en sus diferentes orgánulos y macromoléculas. Existe posibilidad, incluso, mediante técnicas de ingeniería genética, de aumentar la concentración de algún componente que se quiera estudiar más en detalle o de alterar la estructura habitual de macromoléculas y orgánulos. Esta posibilidad, no obstante, considero que corresponde al tema 64 del presente temario, y no será expuesta aquí. Me centraré en los diferentes procedimientos de fraccionamiento celular, separación de componentes y en los métodos de estudio de la estructura y localización de las macromoléculas.

2.1. Ultracentrifugación

Aplicando procedimientos de disgregación suave a una suspensión de células, podemos obtener una mezcla en la que se mantienen intactos componentes como el aparato de Golgi, el retículo endoplasmático,... En esta mezcla u homogenado se conservan también las propiedades bioquímicas originales de cada orgánulo.

Hacia 1940 se desarrolló la ultracentrífuga preparativa, que permite la separación de los componentes de un homogenado de acuerdo con su velocidad de sedimentación (que es el resultado de un conjunto de factores como la densidad, la forma, la viscosidad,...)

De esta forma pueden obtenerse extractos libres de células, enriquecidos en algún orgánulo o fracción celular, para realizar estudios detallados. El conocimiento de la química energética celular (dependiente de cloroplastos y mitocondrias) ha mejorado mucho gracias a este procedimiento, así como las ideas sobre el funcionamiento de la síntesis proteica en los ribosomas.

2.2. Cromatografía

Se emplea en la separación de compuestos de pequeño tamaño. El mecanismo de funcionamiento se basa en utilizar dos materiales:

- fase móvil (un medio que permite en cierto grado la disolución o mezcla de cada componente de la muestra inicial, y que además se mueve en un sentido determinado)

- fase estacionaria (medio fijo, normalmente sólido, que presenta también afinidad diferencial por cada componente de la mezcla)

Los componentes de la mezcla a analizar van fluctuando entre ambas fases. La diferencia de afinidad entre los compuestos por cada una de las fases y la diferente movilidad de las fases, acaban separando los componentes de la muestra inicial. La cromatografía es una técnica muy antigua. Por ejemplo, Stanley Miller, en sus experimentos de 1953, ya separó los aminoácidos obtenidos empleando cromatografía.

Existen muchas variantes: cromatografía en columna (separaciónd e proteínas), cromatografía de afinidad, cromatografía de filtración en gel, HPLC -High liquid pressure chromatography- (empleada para separaciones más delicadas, de moléculas pequeñas),...

2.3. Electroforesis

En esta técnica, las moléculas (generalmente proteínas o ácidos nucleicos) avanzan por un gel atraídas por una fuerza eléctrica.

El protocolo más extendido es el que emplea geles de poliacrilamida con detergente SDS (SDS-PAGE). En él, las moléculas proteicas se desnaturalizan, por lo que cada subunidad migra independientemente, y puede separarse al final. Cada subunidad desnaturalizada se recubre de una fina película de moléculas de detergente (SDS, cuyas moléculas tienen una carga neta negativa, es el más empleado, por lo que las proteínas quedan cargadas negativamente). Así pues, las diferencias en cuanto a carga son reflejo de la cantidad de SDS unido, o lo que es lo mismo, del peso molecular de la proteína.

Se pueden aplicar protocolos bidimiensionales, en los que se aplican diferencias de potencial perpendiculares en dos etapas suvcesivas. De esta forma, en una superficie, pueden quedar separados más de 1000 tipos de proteínas.

Si, una vez realizada la migración electroforética, las proteínas se transfieren a una membrana de nitrocelulosa, su tratamiento es más sencillo que el del gel y pueden durar más tiempo. A estas membranas se les pueden añadir anticuerpos marcados radiactivamente para observar ciertas proteínas. La transferencia y marcaje, en el caso de proteínas, se denomina Western Blot. El equivalente para ARN sería un Northern Blot y para ADN un Southern Blot.

2.4. Caracterización de las macromoléculas

Este es uno de los muchos puntos en los que se manifiesta lo extenso del tema que estamos tratando y lo limitado que puede resultar hacer siquiera una citación elemental rigurosa de todos los aspectos en el tiempo que dura esta prueba.

Me referiré a proteínas por simplificar, aunque muchas de estas técnicas son igualmente válidas para ácidos nucleicos, fragmentos glucídicos de gran tamaño,...

De una proteína, podemos obtener una **aproximación inicial a su composición química** mediante técnicas de hidrólisis selectiva y posterior Western Blot, con lo que obtenemos una especie de huella dactilar de la misma. Puede realizarse una **secuenciación aminoacídica exacta** (mediante degradación de Edman). De una forma más accesible actualmente, puede buscarse el gen que probablemente la produce y secuenciarlo (existen servicios de secuenciación en muchas universidades españolas).

El conocimiento de la secuencia resulta muy útil para compararla con otras proteínas de secuencia similar y función conocida en otras células y organismos. Existen numerosas bases de datos y software específico para buscar similitud de secuencia entre proteínas. Otro de los usos que tiene esta técnica es buscar mutaciones puntuales en las proteínas, que se han descrito como la causa de diversas patologías debidas a un plegamiento erróneo.

En numerosos estudios (diseño de fármacos, explicación de mecanismos catalíticos,...) es de gran interés partir de una **estructura fina de la estructura proteica a nivel atómico**.

La técnica que hoy en día proporciona esta información con mayor calidad es la cristalografía de proteínas y su posterior análisis por difracción de rayos X. Recientemente, los estudios de rayos X son complementados, en una fase inicial, por microscopía electrónica de alta resolución, permitiendo la resolución de estructuras mucho más grandes. Un pequeño problema de la cristalografía de rayos X es que las muestras no están en disolución acuosa, por lo que algún detalle fino de los observados puede ser sólo consecuencia del proceso de cristalización y no estar relacionado con la función in vivo de esa proteína (este problema, no obstante, es simplemente una cuestión de detalle final, importante, pero que no afecta a la enorme utilidad de esta técnica).

A un nivel de resolución similar, permitiendo incluso la visualización de proteínas en su entorno acuoso, está la resonancia magnética nuclear. Permite la obtención de estructuras proteicas a alta resolución, con el inconveniente de que no pueden ser muy grandes.

Otra forma de tratar de acercarse a la estructura proteica es mediante el empleo de métodos teóricos. Pueden realizarse predicciones basadas en la secuencia de aminoácidos y en principios de la mecánica estadística (predicción estructural ab initio). Este método, si bien es el más riguroso, no es practicable salvo en casos de péptidos muy pequeños, por el gran requerimiento computacional que supone. Otras aproximaciones, como el threading o modelado por homolgía (que emplean información de secuencias similares resueltas previamente por cristalografía), pueden ser útiles y más prácticas, aunque no tan rigurosa.

Otra metodología que se emplea también, en el refinado final de las estructuras de rayos X o resonancia, o en el estudio de la función biológica de las proteínas resueltas, es la simulación de su movimiento a nivel atómico. Basados en la mecánica estadística, se emplean los algoritmos de dinámica molecular y Monte Carlo.

Cualquier estructura obtenida por cualquiera de los métodos anteriores (X-ray, RMN, métodos teóricos,...) nos aporta unas coordenadas espaciales para cada átomo. Esta información se guarda en un formato establecido en una base de datos denominada Protein Data Bank (PDB), que admite también estructuras de ácidos nucleicos y glúcidos. Actualmente (2007), la cantidad de proteínas determinadas estructuralmente y guardadas en PDB supera ampliamente las 100.000

Finalmente, señalar que en este apartado de "caracterización de las macromoléculas" me he centrado en la parte estructural. Evidentemente, otra aproximación al estudio de los componentes celulares es "ver cómo actúan, cuáles son sus sustratos y sus productos", lo que podríamos expresar como, "cuál es su bioquímica".

Existen numerosos análisis bioquímicos que permiten cuantificar las reacciones químicas celulares dirigidas, en la mayoría de los casos, por enzimas. La detección de metabolitos mediante espectrofotometría, dada su capacidad de absorción de la luz de determinada longitud de onda, es uno de los procedimientos más rutinariamente empleados.

La cuantificación de reacciones químicas basada en el color de sus productos se emplea también en kits comerciales de análisis que automatizan el seguimiento de diferentes procesos.

2.5. Localización específica de moléculas

Muchas veces resulta de utilidad conocer la localización y/o abundancia exacta de un tipo de molécula en una muestra biológica. Para ello, pueden emplearse diversos procedimientos.

El marcaje con radioisótopos ha sido ampliamente utilizado (especialmente el fósforo-32, el yodo-131, el azufre-35, el nitrógeno-15 y el carbono-14). Un conocido protocolo es la denominada "experiencia de pulso y caza". En ella, una sustancia marcada radioactivamente se incluye en el medio de cultivo de las células y se les deja un tiempo (pulso) para que lo capten por endocitosis. Al cabo de un tiempo corto, se para la reacción y se visualizan las células por autorradiografía (caza), para ver en qué lugar han incorporado la sustancia.

Otra objetivo interesante es la localización de proteínas específicas en superficie celular. En concreto, las medidas de registro zonal con electrodos (patch-clamp recording) permiten obtener las diferencias en la concentración de iones a ambos lados de la membrana en una zona concreta. Esto da idea de la cantidad de poros selectivos que hay en esa superficie.

Mediante indicadores emisores de luz, puede seguirse la concentración de un determinado tipo de iones en toda la célula. Por ejemplo, la microinyección del colorante aecuorina en óvulos, permite ver el movimiento de la onda de calcio que se recorre el citoplasma celular tras la fecundación por un espermatozoide. La monitorización de las concentraciones de calcio es un procedimiento muy informativo en varias situaciones de la célula (sus variaciones se pueden medir también con colorantes como el QUIN-2 o el FURA-2).

Las herramientas estrella en la detección selectiva de biomoléculas son los anticuerpos, especialmente los anticuerpos monoclonales desarrollados a partir del 1976 mediante la técnica de los hibridomas. Los anticuerpos monoclonales se unen con extrema afinidad y selectividad a fragmentos de proteínas, glúcidos, etc... e informan, de una manera casi inequívoca, sobre su ubicación y densidad.

3. AISLAMIENTO Y CRECIMIENTO DE CÉLULAS EN CULTIVO

El aislamiento de las células (según tipos morfológicos, características bioquímicas,...) proporciona nitidez a los estudios. La multiplicación de las células en cultivos proporciona cantidad de material con el que experimentar. Ambos son logros muy simples, pero a la vez muy esenciales a la hora de indagar experimentalmente en diversos aspectos de la morfología y función celular. Expondré brevemente los procedimientos de aislamiento y cultivo celular.

3.1. Separación de diferentes tipos celulares

El paso previo a todo protocolo de separación selectiva es la disgregación. Se suelen emplear en este tratamiento tripsina (enzima proteolítica), colagenasa (enzima proteolítica específica de colágeno) y EDTA (compuesto químico que quela –secuestra- cationes calcio, evitando que jueguen su papel clave en las uniones celulares).

La separación puede realizarse por peso (ultracentrifugación), por adherencia diferencial a un soporte sólido (habitualmente, un tipo de plástico), por adición de anticuerpos unidos a un metal y posterior separación con un imán (un método más específico) o por marcaje de células con anticuerpos asociados a células fluorescentes. Estos son los procedimientos más usuales, aunque podrían describirse otros.

El marcaje por anticuerpos unidos a fluorescencia permite desarrollar la técnica de citometría de flujo. En ella, las células son dirigidas a través de un conducto de pequeño deiámetro, de forma que pueden ser examinadas individualmente según su grado de fluorescencia. Es decir, quedan separadas en diferentes recipientes según la abundancia de la molécula de interés.

3.2. Cultivo de células

En 1907, Harrison cultivó trozos de médula espinal de anfibio en un coágulo de tejido linfático. Cada trozo emitía prolongaciones hacia el plasma. Este experimento mostraba la capacidad de generación de ramificaciones muy largas a partir de una sola neurona, hecho que reforzaba la teoría neuronal de Ramón y Cajal. Lo más relevante de este experimento, sin embargo, es que sentó las bases de las técnicas de cultivo celular.

Denominamos cultivo primario a aquel que se obtiene a partir de células originales, siendo el cultivo secundario aquel que se realiza a partir de células subcultivadas.

En un cultivo celular, las células duran un número ilimitado de divisiones (por ejemplo, las células cutáneas de humanos duran entre 50 y 100 divisiones). Sin embargo, algunas células sufren un proceso de desdiferenciación (por modificación genética o de los factores de regulación génica) y se convierten en prácticamente inmortales, dando lugar a lo que se conoce como una línea celular. Ejemplos de estas son las células HeLa (provinentes de un tumor epitelial de Helen Lambert, de ahí su nombre), células MDCK (provinentes de tejido epitelial de perro).

A partir de 1990 se empiezan a desarrollar los medios libres de suero. Esta estrategia permite evaluar el efecto de factores de crecimiento de forma dirigida.

Otra modificación interesante es que las células cultivadas pueden formar heterocariontes (células con dos núcleos) que eventualmente pueden dar lugar, por fusión nuclear, a células híbridas.

4. CÉLULAS PROCARIONTAS Y EUCARIONTAS

La microscopía óptica, ya en sus primeros pasos, evidenció que las células podían clasificarse en dos grandes grupos según su estructura: las eucariotas y las procariotas. El término "*karyon* "deriva del griego y podría traducirse como corazón o núcleo, el prefijo "*eu-*" significa verdadero.

Recientemente, se ha hecho habitual el uso de la clasificación del mundo vivo en tres dominios (arqueobacterias, eubacterias y eucariotas). Aunque existen muchas diferencias fundamentales entre ellos, en cuanto a los principios básicos de organización celular, podemos considerar que los dos primeros dominios siguen un modelo procariota.

La distinción entre el modelo de organización procariota y eucariota es muy clara. Las células procariotas son más pequeñas y su material genético se encuentra disperso, generalmente en forma de un solo cromosoma en el citosol. Algunos manuales denominan nucleoide a la zona donde es más probable encontrar este material genético, pero esta denominación es algo antigua, además de que estas células no parecen restringir la localización de éste material.

Las células eucariotas, en cambio, resguardan el material genético en el núcleo, una cavidad aislada del citosol por una doble bicapa y comunicada con él mediante unas aberturas selectivas denominadas poros. El hecho de resguardar el material genético en el núcleo presenta dos ventajas:

- Éste no ha de estar sujeto continuamente a las tensiones mecánicas del citoesqueleto.
- Al estar replegado sobre sí mismo en un espacio reducido, las posibilidades de interacción entre diferentes zonas aumentan considerablemente.

La teoría endosimbionte, defendida entre otros por la bióloga Lynn Margulis, propone que algunos orgánulos del citoplasma eucariota como las mitocondrias, los cloroplastos, y otros plastidios, no son más que antiguas células procariotas captadas por endocitosis en algún momento de la evolución, y que se han habituado a vivir y multiplicarse en ese ambiente empleando ya en la actualidad herramientas de su propio genoma y del genoma de la célula que las alberga.

Otra diferencia fundamental se sitúa en el modo de duplicación y expresión del material genético (para no duplicar material, remito al opositor al Tema 25, en el que se exponen con más detalle estas diferencias).

Otras diferencias destacables serían el tipo de pared celular que presentan las procariotas (diferente en composición a las matrices extracelulares animales o a la pared celular vegetal), la estructura básica de los flagelos (que en procariotas no están estructurados por elementos del citoesqueleto),...

Finalmente, podríamos decir que, debido a la enorme variedad de nichos ecológicos que ocupan, las células procariotas presentan una diversidad bioquímica mayor que las eucariotas. Esto debe entenderse bien. Para muchas funciones, la maquinaria eucariota es mucho más compleja, pero si consideramos por ejemplo la variedad de moléculas que pueden utilizar como sustrato energético, la variedad de aceptores finales de electrones,... el modelo procariota es más rico.

5. LA CÉLULA ANIMAL Y LA VEGETAL

Si atendemos a la morfología externa e interna, al grado de movilidad, a la cantidad de orgánulos de cada tipo presentes, a las proteínas expresadas en membrana, a la consistencia mecánica, a su capacidad de utilización de sustratos energéticos,... existen motivos más que suficientes para considerar que dos tipos de células animales (eritrocitos/neuronas, espermatozoides/células de epidermis queratinizadas, bastones/hepatocitos, células de Schwann/osteoclastos, células cerebelares de Purkinje/adipocitos,...) pueden ser entre sí más diferentes que una célula animal y una vegetal (por ejemplo, células del meristemo apical y células madre epiteliales).

No obstante, las células de los vegetales tienen algunos rasgos básicos muy diferentes a las animales (aunque esto no siempre se refleje en su morfología). Estas diferencias fundamentales son tres:

- Tienen plastidios, orgánulos de doble capa, con material genético propio (reciben nombres como etioplastos, leucoplastos,...). Un ejemplo peculiar son los cloroplastos, en los que se produce la fotosíntesis.
- Presenta una matriz extracelular rígida (pared celular) compuesta de fibras de celulosa entrelazadas entre sí, embebidas en una red de peptinas (pared primaria) o de lignina (pared secundaria).
- No organizan los microtúbulos de su citoesqueleto a partir de centriolos.

Existen muchas otras características que a grandes rasgos son propias de las células vegetales, pero ni se dan en todos los casos ni son exclusivas, por lo que no pueden considerarse definitorias del modelo vegetal (forma hexagonal de las células, sistema vacuolar mucho más desarrollado y agrupado en una vacuola voluminosa, inmovilidad, acumulación de glucosa en forma de almidón...)

6. FORMAS ACELULARES

El tema 32 del presente temario contiene dos puntos titulados. "Los virus y su patología. Otras formas acelulares". Al tratarse de una clara duplicación del temario, deben incluirse en la redacción/exposición de este tema 26 ambos puntos. VER TEMA 32 PARA ACCEDER AL CONTENIDO.

7. CONCLUSIÓN

Desde las primeras observaciones de Robert Hooke, que se refirió a las celdillas del corcho como lugar de paso de líquidos que son transportados entre partes de la planta, hasta las modernas técnicas de biología molecular, que nos permiten marcar y seguir (incluso en una dimensión dinámica), los componentes individuales de una reacción que se creía tan poco compleja como la endocitosis,... ha habido un intenso trabajo de investigación. He tratado de exponer ordenadamente sus principales rasgos y logros. Posteriormente, he comentado las diferencias entre los principales modelos de organización celular y, finalmente, he resaltado la existencia de formas que, aunque cumplen muchas de las propiedades de los sistemas vivos, no están formadas por células, sino que son aún de menor tamaño. Con esto doy por finalizada mi exposición.

Bibliografía útil:

ALBERTS, B. y otros. (2004) "Biología molecular de la célula", 4°ed, Ed. Omega.

BECKER, W.H. (2007) "El mundo de la célula", Ed. Adison-Wesley

DIAZ ZAGOYA, J.C. y JUÁREZ OROPEZA, M.A. (2007) "Bioquímica: un enfoque básico aplicado a las ciencias de la vida", Ed. Mc Graw-Hill

KARP, G. y GEER P.vD. (2005) "Biología celular y molecular: conceptos y experimentos" Ed. McGraw Hill.

LODISH, H. y otros. (2005) "Biología celular y molecular", Ed Panamericana

PANIAGUA, R. y otros (2007) "Biología celular", Ed. Mc Graw-Hill

PARES, R. (2004) "Cartas a Nuria sobre la historia de las ciencias", Ed. Almuzara.

VARIOS AUTORES (2002) "A través del microscópico" (monográfico). Temas de Investigación y Ciencia, n°29

TEMA 27

LA MEMBRANA PLASMÁTICA Y LA PARED CELULAR. CITOSOL, CITOESQUELETO. SISTEMAS DE MEMBRANA Y ORGÁNULOS. MOTILIDAD CELULAR.

0. INTRODUCCIÓN

Los estudios sobre la célula van mostrando continuamente como el conjunto de orgánulos citoplamáticos es una entidad enormemente dinámica. La última versión del libro "Biología Molecular de la Célula" de Bruce Alberts y colaboradores, ilustra muy bien esta idea con una serie de animaciones visuales que vienen en el CD anexo. Allí se muestra la enorme velocidad del tráfico vesicular, el hecho de que los orgánulos no viajan siguiendo rutas aleatorias sino guiados por el citoesqueleto, la plasticidad de este citoesqueleto, la contínua renovación de la membrana plasmática,... Incluso, estudios recientes han mostrado cómo las mitocondrias no presentan en absoluto la morfología estática en forma de bacteria a la que estamos acostumbrados, sino que su estructura es muy dinámica y su capacidad de migración por el citoplasma muy considerable.

En esta exposición trataré de relatar los rasgos principales de este conjunto membrana-citoplasma. Lo haré siguiendo el siguiente orden... (es muy conveniente exponer con claridad el orden que se va a seguir, leer el índice de una forma ágil)

1. LA MEMBRANA PLASMÁTICA

1.1. Detalles iniciales

La membrana plasmática constituyó la adquisición fundamental de los primeros sistemas autocatalíticos para llegara a transformarse en células. Esta estructura evitaba que las herramientas bioquímicas generadas por estos sistemas pasaran a formar parte de la fracción soluble general y fuesen propiedad de los sistemas que las fabricaron. Este mecanismo, el conseguir que las herramientas, para bien o para mal, afecten más intensamente a sus fabricantes, es un potente motor de evolución biológica, y en él reside gran parte del interés biológico de la membrana plasmática.

La membrana plasmática define los límites de la célula y establece las pautas de intercambio de sustancias con el exterior, manteniendo las diferencias esenciales entre el contenido celular y su entorno.

Todas las membranas biológicas comparten una estructura básica común: una lámina fina de lípidos y proteínas unidos entre si mediante interacciones no covalentes. Esta disposición le confiere su carácter de membrana semipermeable.

Estamos también ante una estructura altamente informativa. Mediante las proteínas de membrana, la célula no sólo regula el paso de numerosas sustancias sino que puede comunicarse con otras células o con el entorno. Este reconocimiento directo está en la base de procesos como la migración de los espermatozoides, la fecundación, la detección de patógenos por linfocitos T, la plasticidad neuronal... No es de extrañar que algunas estimaciones hayan señalado que el 30% de las proteínas del genoma de una célula animal promedio son proteínas de membrana.

1.2. La bicapa lipídica

Se trata de una doble capa de fosfolípidos orientados de la siguiente forma: sus cabezas polares orientadas al exterior e interior de la célula, y las colas hidrofóbicas dispuestas en la zona central de la bicapa.

Como se ha visto en el Tema 23, los fosfolípidos son moléculas anfipáticas y tienden a formar esta estructura en bicapa (muy estable) en disolución acuosa (además de poder formar micelas monocapa muy pequeñas).

Los fosfolípidos más habituales suelen tener cadenas hidrocarbonadas de entre 14 y 24 C. Una de sus dos cadenas suele ser saturada mientras que la otra presenta normalmente una insaturación. La alteración de este nivel de saturación tiene repercusiones en la fluidez de la membrana.

Aunque existen muchos otros tipos, los cuatro fosfolípidos principales, al menos en células de mamífero, son: fosfatidilcolina, fosfatidiletalamina, fosfatidilserina y esfingomielina.

La membrana no es una entidad estática. Los fosfolípidos pueden desplazarse lateralmente en cada monocapa (se estima que intercambian la posición con el fosfolípido adyacente unos diez millones de veces por segundo). Existe la posibilidad de que los fosfolípidos cambien de monocapa (movimiento flip-flop) pero esto es muy poco frecuente (se estima que cada fosfolípido puede hacerlo una vez al mes→ datos providentes de espectroscopia de resonancia de espín electrónico tras marcaje con grupos nitroxilo).

No todos los fosfolípidos son igual de abundantes. Por ejemplo, en células hepáticas predominan claramente la fosfatidilcolina y la esfingomielina. En eritrocitos también son abundantes, aunque la fosfatidiletalonamina les iguala en proporción. Se han detectado incluso microdominios enriquecidos en algún tipo de fosfolípido.

Además de los fosfolípidos, la membrana alberga cantidades variables de colesterol, hecho que le permite regular su rigidez. El colesterol se dispone con el grupo hidroxilo en la zona polar de la bicapa y el resto de su esqueleto químico en la zona hidrofóbica. Se han detectado también microdominios enriquecidos en colesterol.

1.3. Los glucolípidos

Se trata de un grupo de fosfolípidos a los que se les han unido pequeños oligosacaridos de forma covalente en su zona polar. Se diferencian, además, de los fosfolípidos en la composición de las cadenas hidrocarbonadas, que en los glucolípidos suelen estar totalmente saturadas.

Curiosamente los glucolípidos presentan una distribución muy asimétrica, localizándose exclusivamente en la monocapa no citosólica de la bicapa lipídica. Esta distribución se debe a que la adición de azúcares se realiza en el lumen del complejo de Golgi, que es topológicamente equivalente al exterior celular (como se verá en el apartado 5.5.). La formación de puentes de hidrógeno entre sus azúcares permite que estas moléculas se agrupen formando microdominios en la membrana.

Un grupo importante, y particularmente complejo, de glucolípidos son los gangliósidos. En su porción glucídica incorporan varios residuos de ácido sialico, que les proporciona una carga neta negativa. Son especialmente abundantes en la membrana de células nerviosas (5-10% de la masa lipídica total).

El gangliósido GM1, situado en la membrana de los enterocitos del epitelio intestinal, es reconocido por la toxina del cólera que penetra selectivamente en estas células

1.4. Las proteínas de membrana

Aproximadamente el 50% de la masa de la membrana es proteína (en casos como la vaína de mielina, de función aislante, es de un 25%; y en las mitocondrias o cloroplastos, con cadenas de transporte electrónico, es del 75%; es decir, esta cantidad varía según la función celular).

Las proteínas se insertan en la membrana principalmente de tres formas:

- Como una hélice a única, quedando proteína a ambos lados de la membrana.
- Igual que en el caso anterior, pero atravesando varias veces la membrana con múltiples hélices a.
- En forma de barril b (ver Tema 24), formando muchos de los canales transmembrana.

En los dos primeros casos, algunas veces la proteína se une covalentemente a una cadena de ácido graso insertado en la monocapa citosólica.

Existen otros modos alternativos de unión de las proteínas a la membrana, pero menos abundantes.

- Proteínas del citosol unidas por inserción de una hélice a exclusivamente en la monocapa citosólica.
- Proteínas del citosol unidas a la membrana mediante inserción de un grupo prenil.
- Proteínas unidas covalentemente a la fracción glucídica de los glucolípidos.
- Proteínas unidas por interacciones no covalentes a otras proteínas de membrana.

Muchas proteínas de membrana están glucosiladas, generalmente sólo en su cara extracelular (por la misma razón que he comentado para los glucolípidos). Este es otro ejemplo de que las caras extracelular y citosólica de la membrana plasmática son muy diferentes. Otra diferencia más viene del hecho de que el citosol es más reductor que el exterior, por lo que la formación de puentes disulfuro entre las cisteínas citosólicas es mucho menos abundante.

La enorme cantidad de proteínas que se conocen actualmente (2007) y cuya función está vinculada a la membrana plasmática, hace imposible una referencia exhaustiva. Los ejemplos son muy variados: proteínas del sistema inmunitario como los receptores de las células T, los complejos de histocompatibilidad, canales iónicos del sistema nervioso encargados del flujo de sodio, potasio y cloro, proteínas de la zona pellucida (que dirigen la fecundación en mamíferos),...

1.5. Fenómenos de transporte

La naturaleza semipermeable de la membrana plasmática evita la difusión libre de la mayoría de las moléculas polares y cargadas a su través. Esto le permite mantener concentraciones diferentes de algunos compuestos entre el exterior y el interior celular. En una célula de mamífero típica las concentraciones de sodio dentro/fuera (en mM) son 5-15/145. Para el potasio, el comportamiento es inverso (140/5). Para otros cationes, como el magnesio (0.5/1-2), o el calcio (0.001/1-2) las diferencias también son muy importantes. También aniones como el cloruro (5-15/110) presentan diferencias de concentración muy elevadas dentro/fuera.

Las moléculas pequeñas como el CO_2 y el O_2, de carácter apolar, pueden difundir muy bien a través de las membranas. En cambio, el transporte de pequeñas moléculas polares e iones precisa de unas proteínas transportadoras o canales específicos para cada compuesto. Las moléculas grandes también pueden salir y entrar de la célula, pero emplean mecanismos diferentes, que presentaré en el apartado 5.5.

En la década de los 50, se observó por primera vez que la incapacidad de ciertas bacterias para incorporar a su interior unos azúcares específicos era debida a mutaciones en un solo gen. Empezó a pensarse que el transporte a través de la membrana empleaba unos mediadores muy selectivos, diferentes para cada compuesto y codificados por genes diferentes. Actualmente, esta idea ha sido confirmada y muchos genes de este tipo descritos, entre ellos está uno de los primeros genes hallados por un grupo español: el gen responsable del transporte de cistina a nivel renal o "gen de la cistinuria" (Manuel Palacín, Antonio Zorzano y cols. - Universidad de Barcelona-, década de los 90).

Este transporte selectivo puede ser de varios tipos:

- Pasivo (a favor de gradiente de concentración)
  o Mediado por transportador
  o Mediado por canal

- Activo (en contra de gradiente de concentración) → precisa de un aporte energético

Ambos mecanismos pueden acoplar el transporte de dos sustratos a la vez, que puede ser en el mismo sentido (simporte) o en sentidos opuestos (antiporte).

1.5.1. Proteínas de transporte

En cuanto a la unión sustrato-proteína, el mecanismo de transporte es idéntico al de una reacción enzimática. La diferencia está en que al salir del proceso el sustrato no ha sido modificado covalentemente.

Puede haber uno o varios lugares de unión al sustrato. Al producirse la unión, la enzima modifica su conformación en una serie de etapas que finalizan con la exposición del lugar de unión en el lado opuesto de la membrana. Posteriormente, se liberan los solutos.

Esta translocación mediada por transportador sigue una cinética típica de Michaelis-Menten, y, análogamente a lo que sucede con las enzimas, pueden existir inhibidores que compitan con el sustrato por la unión e inhibidores que modifiquen alostéricamente al transportador.

Hasta aquí he descrito el transporte a favor de gradiente. A nivel de la estructura de los transportadores existen muchas semejanzas entre estos procesos y los que funcionan en contra de gradiente (transporte activo). No obstante, existen diferencias en el funcionamiento dado que este último tipo de transportadores han de incorporar mecanismos de obtención de energía.

Las formas de obtener energía para el transporte activo son múltiples. Las más comunes pueden clasificarse en tres grupos:

- Cotransportar otro sustrato a favor de gradiente (puede ser un proceso de tipo simporte o antiporte)
  - o La energía libre liberada por el sustrato que atraviesa la membrana a favor de gradiente es empleada en el transporte activo del otro sustrato. Ejemplo: transportador de glucosa impulsado por gradiente de sodio (tipo simporte).

> Curiosamente, a grandes rasgos, en los organismos eucariotas pluricelulares son muy frecuentes los cotransportes que emplean Na^+. En cambio, en levaduras y bacterias esta tarea la asumen principalmente las bombas de H^+.

- Emplear la hidrólisis de ATP
  - o Ejemplos: bomba de Na^+/K^+ (encargada de mantener las diferencias de concentración de ambos aniones entre el exterior y el interior), bombas de Ca^{2+} (eliminan el calcio del citosol tras su participación en algún proceso de señalización celular), bombas de H^+/K^+ (encargadas de la secreción de ácido desde las paredes del estómago), familia de transportadores ABC (engloba muchas proteínas diferentes, entre ellas la "proteína de resistencia a muchos fármacos" –MDR-, de gran importancia farmacológica, que bombea fármacos hidrofóbicos hacia el exterior de las bacterias.
- Emplear la energía lumínica
  - o Ejemplos: proteínas de la cadena transportadora de electrones de los fotosistemas I y II (fase lumínica de la fotosíntesis)

1.5.2. Canales iónicos

Estas proteínas forman poros hidrofílicos en las membranas y regulan selectivamente el paso de sustancias polares o cargadas. En el caso de los canales iónicos, la velocidad supera ampliamente a los transportadores, pudiendo pasar hasta cien millones de iones por segundo. Otra diferencia fundamental es que los canales deben actuar siempre a favor de gradiente.

Existen numerosos ejemplos dado que es un campo de intensa investigación, por su importancia farmacológica (especialmente a nivel del sistema nervioso). Citaré los tipos más significativos:

- Proteínas que forman las uniones de tipo GAP → unen los citoplasmas de dos células adyacentes y a través de ellas pueden circular sustratos de una forma poco selectiva.
- Acuaporinas → regulan el flujo de agua
- Canales iónicos
    - o Fluctúan entre un estado abierto y cerrado. Estas fluctuaciones pueden ser moduladas farmacológicamente o, como en el caso del sistema nervioso, por la acción de neurotransmisores o la variación del potencial de membrana.
    - o Son ejemplos los canales de sodio, potasio y cloro, que dirigen el mecanismo del potencial de acción y regulan su intensidad.

2. LA MATRIZ EXTRACELULAR

Gran parte del contenido de los tejidos no está ocupada por células sino por un conjunto de fibras agua y sustancias solubles denominado matriz extracelular.

2.1. Composición de la matriz celular en animales

Esta formada por una gran diversidad de proteínas y polisacáridos estrechamente vinculados a las células que lo producen. Podemos desglosar sus componentes principales, cuya abundancia variará en función de la matriz, en:

- **Glucosaminoglucanos (GAG)**→ son polímeros de disacáridos. En los disacáridos que los componen siempre hay un aminoazúcar (N-acetilglucosamina o N-acetilgalactosamina) y, generalmente, un ácido urónico (glucurónico o idurónico. Los tipos de GAG mayoritarios son cuatro:
  - o Ácido hialurónico
  - o Condroitín sulfato
  - o Dermatán sulfato
  - o Heparán sulfato (un derivado suyo es la heparina que actúa de anticoagulante)
  - o Queratán sulfato

  Cuando multitud de estos GAGs se unen a una proteína central, se forma un proteoglucano. Se trata de estructuras con consistencia gelatinosa, por la gran cantidad de agua que presentan, que están implicadas en numerosas tareas: guía de la migración celular, reparación de tejidos, regulación de las proteínas secretadas por la célula...

- Colágeno → Es la principal proteína de la matriz extracelular y la más abundante en mamíferos (constituye el 25% de su masa proteica total). Se organiza en fibras y confiere a los tejidos consistencia mecánica y resistencia a la tracción. Tras su síntesis en los ribosomas y su incorporación al lumen del RE, esta proteína sufre numerosas modificaciones:
  - o hidroxilación de lisinas y prolinas (en este proceso es imprescindible la vitamina C)
  - o Formación de la triple hélice de colágeno a partir de la unión de tres cadenas de colágeno-a.

  En la actualidad (2007) se conocen como mínimo 25 tipos de cadenas a, que se combinan para formar más de 20 tipos de colágeno diferentes.

- Elastina → forma fibras que permiten a los tejidos recuperar su forma original tras una deformación transitoria. Se trata de una proteína

secretada en forma soluble (tropoelastina) que se hidroliza ya en la matriz, formando las fibras elásticas, muy insolubles.
- Fibronectina → pertenece a lo que podríamos denominar el grupo de "proteínas informativas de la matriz extracelular". Tiene lugares de unión específicos para componentes de la matriz y receptores celulares, jugando un papel crucial en procesos de migración celular.
- Laminina → proteína formada por tres subunidades que resulta clave en la organización de la lámina basal, a partir de la que se estructura todos los epitelios del cuerpo.

2.2. La pared vegetal: un ejemplo de matriz extracelular

Las células vegetales están envueltas en una matriz extracelular de consistencia rígida. En células meristemáticas está pared no es tan rígida, debido a la flexibilidad que aún necesitan, y se denomina pared celular primaria.

La pared celular secundaria se sintetiza a partir de la primaria por deposición de nuevas capas dentro de las antiguas. Estas capas pueden ir variando su composición. Un polímero que se añade con mucha frecuencia es la lignina (conjunto de compuestos fenólicos).

Una diferencia fundamental entre la pared celular vegetal y la matriz extracelular animal es que, si bien en esta última predominan las proteínas y otros polímeros nitrogenados, la primera se basa en polímeros con bajo contenido en nitrógeno, como la celulosa o la lignina. Este hecho tiene sentido dado que el nitrógeno suele ser un factor limitante en el crecimiento celular.

El polímero que confiere resistencia mecánica a la pared es la celulosa, que forma redes muy tupidas gracias al papel de unos fragmentos glucídicos denominados *glucanos de entrecruzamiento* (ejemplos son los xiloglucanos, glucuroarabinoxilanos y mananos).

Las fibras de celulosa, en la pared celular primaria, se embeben en una matriz de pectina (red de polisacáridos del ácido galacturónico, muy hidratada). En la pared secundaria este papel lo cumple la lignina, de consistencia más dura.

Junto a los componentes que he citado, las proteínas pueden ocupar hasta el 5% del peso de la pared celular. En el genoma de *Arabidopsis thaliana* (organismo modelo en estudios de genética vegetal) se han identificado más de 700 genes de proteínas que se ocupan del crecimiento y remodelación de la pared.

Finalmente señalar que, tras la división celular, se generan nuevas fibras de celulosa, que se ordenan en respuesta a la expansión de la célula, dirigida por los microtúbulos. Es decir, que el citoesqueleto intracelular determina la estructura final de la pared.

3. EL CITOSOL Y SU FRACCIÓN SOLUBLE

Entendemos por citosol al espacio acuoso en el que se distribuyen los orgánulos endomembranosos de la célula. Ciertamente, en el citosol existe una fracción soluble. En ella podemos encontrar sustancias como…

- iones (ya se ha comentado en el apartado 1.5 su concentración en el interior celular y cómo regularla). Estos iones, especialmente el Ca^{2+}, intervienen en procesos de señalización celular
- proteínas en forma de cadenas de transducción de la señal (ruta de las MAP-quinasas, proteínas de la respuesta Hsp,…), intermediarios solubles no proteicos, ligandos proteicos de receptores nucleares,…
- proteínas del citoesqueleto no polimerizadas
- ARN de transferencia con sus aminoácidos correspondientes
- glucosa y metabolitos de su degradación citosólica
- proteínas de las rutas metabólicas citosólicas
- ribosomas no unidos a RE
- proteasomas y otros complejos (N-glucanasas) encargados de la degradación proteica
- etc.

4. EL CITOESQUELETO

4.1. Interés biológico

El transporte de orgánulos (incluso de proteínas voluminosas) por el citosol no sigue una circulación aleatoria. Están estipuladas las vías que se deben explorar, es más, esta red vial está en continua remodelación. Se trata de un sistema de tráfico celular dirigido por un conjunto de proteínas con capacidad de polimerizar y formar filamentos: el citoesqueleto.

Su existencia reporta a las células una enorme ventaja: la optimización energética que supone minimizar los desplazamientos. Cuando una vesícula llega a la membrana plasmática para que se dé la exocitosis, la membrana ya es "consciente" de esta llegada y ha podido reclutar la maquinaria proteica necesaria para este proceso. La fusión entre vesículas se produce con mayor eficiencia. Junto a estas, están las grandes ventajas de poseer un conjunto de microtúbulos que guíen la segregación cromosómica en los procesos de división celular. Y así podríamos citar más condiciones beneficiosas de este esqueleto celular moldeable.

Está compuesto básicamente por tres tipos de estructuras de naturaleza proteica: los filamentos intermedios, los microtúbulos y los filamentos de actina.

4.2. Filamentos intermedios

Empezaré describiendo estos componentes del citoesqueleto que, pese a ser muy importantes, sólo están presentes en algunos metazoos (vertebrados, nematodos y moluscos). Existe una gran variedad de filamentos intermedios, que aumenta enormemente al considerar sus diferentes isoformas.

Se estructuran de la siguiente forma. Los monómeros tienen estructura casi completamente de hélice-a. Estos se ensamblan para formar dímeros y tetrámeros. Posteriormente se forman largas cadenas de tetrámeros unidos longitudinalmente. Cada 8 de estas cadenas forman un superenrollamiento y se organizan en una gran fibra de 10 nm de grosor.

Existen cuatro grandes grupos de filamentos intermedios

- Nucleares → láminas A, B y C.
- Proteínas relacionadas con la vimentina.
  o Vimentina (presenta un comportamiento mecánico intermedio entre los microtúbulos y los filamentos de actina)
  o Desmina (se expresa en el músculo liso cardiaco y esquelético, y su asusencia provoca grandes anomalías en las células musculares.
  o Proteína glial ácida fibrilar (presente en los astrocitos y células Schwann)
  o Periferina (presente en algunas neuronas)

- Epiteliales → Incluye la familia de las queratinas, el grupo más diverso de filamentos intermedios. Se han detectado más de 20 tipos distintos en células epiteliales humanas. Cada filamento de queratina se compone de cadenas de tipo I (acídicas) y de tipo II (neutras/básicas) en igual concentración. Se forman heterodímeros I-II, que se unen para formar tetrámeros. Estos forman unas redes unidas por puentes disulfuro, tan estables que pueden sobrevivir incluso después de la muerte de las células. Las cubiertas resistentes como uñas, garras, escamas y algunas zonas de la piel, están formadas por este material.

> La diversidad de las queratinas tiene una importante aplicación clínica. En el diagnóstico de cánceres epiteliales, si se conoce el patrón particular de queratinas expresado por las células cancerosas puede saberse de qué tejido epitelial proviene el proceso. Esta información resulta muy útil en la elección del tratamiento.

- Axonales → denominados también neurofilamentos (NF-L, NF-M y NF-H). Son proteínas muy frecuentes en los axones neuronales. In vivo forman heteropolímeros de NF-L con cualquiera de las otras dos. Juegan un papel muy importante en los procesos de crecimiento axonal en que se basa la plasticidad de las neuronas.

4.3. Microtúbulos

Se trata de estructuras cilíndricas huecas de aproximadamente 25 nm de diámetro. Polimerizan a partir de una estructura denominada centro organizador de microtubulos (MTOC).

Cada microtúbulo consta de 13 polímeros (protofilamentos) de tubulina. Existen numerosas proteínas que se asocian a esta estructura cilíndrica e influyen en su dinámica. Pertenecen a la familia MAP (Microtubule Associate Proteins).

Dos características importantes de los microtúbulos son:

- Presentan polaridad (sus dos extremos, + y -, crecen a diferente velocidad)
- Modifican fácilmente su longitud en respuesta a las necesidades del momento.

Encontramos microtúbulos en numerosos procesos de importancia celular: segregación de los cromosomas en mitosis y meiosis, transporte de vesículas, modificación de la morfología celular, constitución de la estructura básica de cilios y flagelos,...

4.4. Filamentos de actina

Suelen denominarse también microfilamentos. Se trata de polímeros de una proteína globular denominada actina, que forman fibras de aproximadamente 7 nm de diámetro. Comparten con los microtúbulos el hecho de ser polares y de modificar su longitud con extrema facilidad.

Encontramos filamentos de actina en la estructura interna de las microvellosidades intestinales, en el haz contráctil de la citocinesis, en los pseudópidos típicos del movimiento amebóide, en los sarcómeros de las células musculares,...

5. SISTEMA DE ENDOMEMBRANAS

La membrana plasmática intercambia fragmentos con un gran conjunto de compartimentos endomembranosos. Existe un flujo contínuo de fosfolípidos entre todos estos compartimentos.

Es conveniente hacer notar la continuidad topológica que existe entre el interior de cualquier compartimento endomembranoso y el exterior celular.

5.1. Retículo endoplasmático

El aspecto de este conjunto de endomembranas recuerda al de un conjunto de sacos aplanados interconectados por una densa red tubular. Dependiendo de la adhesión o no de ribosomas en la cara externa de este sistema hablaresmos, respectivamente, de retículo endoplasmático rugoso (RER) o retículo endoplasmático liso (REL). Cabe señalar que, si bien los ribosomas se unen con preferencia a algunas zonas, su unión no es fija, pudiendo variar la proporción RER/REL en distintos momentos de la vida de la célula.

Como principal función del RER podemos destacar:

- Fabricación completa de las proteínas, e inicio de su maduración. Las proteínas son fabricadas por los ribosomas adosados a la cara externa. A medida que van siendo introducidas en el lumen del RER gracias a unos canales, empiezan a adquirir su plegamiento gracias a unas proteínas denominadas chaperonas. Inmediatamente se añaden los primeros azúcares de algunas glucoproteínas.

Como principales funciones del REL podemos destacar:

- Reposición de las membranas celulares, gracias a la síntesis de fosfolípidos, sus derivados y colesterol.
- Enviar al AG las proteínas, después de comprobar que están correctamente plegadas. Si no lo están, saldrán del REL al citosol. Allí, la N-glucanasa eliminará los azúcares que puedan tener y, posteriormente, serán ubicuitinizadas y enviadas al proteasoma para su degradación.
- Acumulación de iónes Ca^{2+} que pueden ser liberados en procesos de señalización celular masiva (por ejemplo, tras la fecundación de un óvulo).
- Detoxificación de sustancias tóxicas liposolubles (se trata de añadir grupos polares a ciertos fármacos o drogas para permitir que puedan ser disueltos y excretados por la orina). Esta función es particularmente importante en hepatocitos.

5.2. Aparato de Golgi

Está compuesto por varias subunidades denominadas dictiosomas, dispersas por el citosol, generalmente cercanas al RE o al núcleo. El aspecto de un dictiosoma es el de un conjunto de sacos apilados con los extremos ensanchados. Suelen distinguirse tres zonas en un dictiosoma (cis / media / trans), que indican la progresión de los materiales desde que son incorporados a él hasta que salen.

Podríamos citar, como funciones del Aparato de Golgi, las siguientes:

- Acabar la adición de azúcares y otros grupos químicos (prenil, farnesil,...) a las proteínas para completar su maduración.
- Sintetizar los esfingolípidos que irán a la membrana plasmática
- En algunas células específicas, somo los espermatozoides, el AG acumula enzimas proteolíticas y las acumula en una vesícula apical, denominada acrosoma
- Regular el destino de las vesículas
- Fabricar celulosa para la pared celular

5.3. Lisosomas

Se trata de vesículas cargadas de enzimas hidrolíticas, provinentes del AG. Según su grado de experiencia en la función de digestión celular, tenemos lisosomas primarios (recién salidos del AG, se ven muy pequeños y homogéneos en las electromicrografías), o lisosomas secundarios (cuando contienen materiales en digestión y presentan un aspecto heterogéneo).

Para que los procesos digestivos que tienen lugar en los lisosomas funcionen a velocidad óptima, las enzimas allí presentes precisan de un pH en torno a 5, ligeramente menor que el citosólico. Este se consigue gracias a la presencia de bombas de H^+ en su membrana, alimentadas por hidrólisis de ATP.

5.4. Peroxisomas

Son vesículas pequeñas (0.2-1 μm) que, sin embargo, realizan multitud de funciones interesantes.

- En ellos se realiza la β-oxidación de los ácidos grasos
- Mediante unas proteasas que emplean O_2, degradan sustratos orgánicos de tamaño medio (ácido úrico, aminoácidos, cetoácidos,...), produciendo H_2O_2.
- Contiene catalasa, que reduce el H_2O_2 a H_2O, oxidando para ello moléculas como etanol, fenol, metanol, formaldehido, acetaldehido... Esto explica por qué los peroxisomas son tan abundantes en hígado y riñón, donde se detoxifica más de la mitad del etanol ingerido
- Sintetiza ciertos fosfolípidos

5.5. Vacuolas

Son compartimentos endomembranosos, generalmente de gran tamaño (en células vegetales pueden ocupar más del 90% del volumen), que actúan como lugar de almacenamiento de muchas sustancias como agua, almidón, productos tóxicos, aceites esenciales,... (Este papel de "reservorio voluminoso" tiene una importante función homeostática). En ocasiones, contienen enzimas hidrolíticas y presentan una función digestiva.

5.6. Endocitosis. Exocitosis.

Se trata de dos mecanismos que permiten a la célula intercambiar moléculas y fragmentos de gran tamaño con el exterior celular. La salida de material se denomina exocitosis y la entrada endocitosis.

5.6.1. Endocitosis

Se forma una invaginación en la membrana plasmática y el material es englobado en ella y posteriormente incluido en una vesícula intracelular. Este proceso de explicación simple lleva asociada una complejidad molecular enorme. El citoesqueleto, por ejemplo, ha de permitir, y de alguna forma dirigir el proceso. Está comprobado que las zonas de la membrana aptas para endocitosis están previamente marcadas y, en ocasiones, dependen de la presencia de ciertos receptores de membrana (endocitosis mediada por receptor).

Comentaré dos tipos especiales de endocitosis:

a) fagocitosis → con participación del citoesqueleto de actina, la célula emite una especie de pseudópodos que engloban a la partícula a ingerir. Normalmente se trata de partículas de gran tamaño (>250nm de diámetro). La vesícula formada se denomina fagosoma, entra en el tráfico vesicular y el material ingerido es digerido finalmente en los lisosomas.

b) pinocitosis → la polimerización de clatrina (una proteína citosólica) alrededor de la cara citosólica de ciertas depresiones pequeñas de la membrana plasmática permite la absorción de sustancias líquidas o muy pequeñas y la formación de pequeñas vesículas (<150nm de diámetro). El material ingerido entra en el tráfico vesicular y acaba digerido en los lisosomas.

5.6.2. Exocitosis

Uno de los ejemplos más claros de exocitosis controlada es la liberación de neurotransmisores en los botones sinápticos del sistema nervioso. Las vesículas están preparadas cerca de la membrana y, al llegar el potencial de acción, se genera una señal bioquímica que induce la exocitosis masiva.

6. ORGÁNULOS DE GESTIÓN ENERGÉTICA

6.1. Mitocondrias

Expondré exclusivamente la morfología mitocondrial, sin entrar en detalles acerca de su función, que está expuesta en el tema 28 de este temario.

Usualmente, las mitocondrias se describen como orgánulos con morfología similar a las bacterias (de hecho, la teoría endosimbionte sitúa su origen en bacterias aerobias ancestrales) de diámetro entre 0,5 y 1 µm. Sin embargo, recientemente se ha demostrado que esto no es cierto. MIcorgrafías secuenciales provinentes de microscopía electrónica demuestra que se trata de orgánulos extremadamente móviles y plásticos. Su desplazamiento por el citosol está dirigido por microtúbulos, y su disposición varía dependiendo del medio celular.

En algunas células se concentran en lugares necesitados de un elevado aporte de ATP (por ejemplo, entre las miofibrillas de la musculatura cardíaca, en el cuello de los espermatozoides,...

Normalmente, en los esquemas empleados en secundaria, se suelen dibujar entre 2 y 10 mitocondrias por célula. Por tomar un ejemplo, en uno de los sistemas más estudiados a este respecto, el hepatocito, se ha detectado que el número de mitocondrias por célula está entre 1000 y 2000, ocupando un 20% del volumen celular.

Morfológicamente, la mitocondria está constituida por dos membranas, una exterior (de aspecto liso) y otra interior (que presenta numerosos repliegues denominados crestas mitocondriales). Ambas membranas determinan una estructura en dos compartimentos: la matriz (que contiene numerosas enzimas metabólicas, así como el genoma mitocondrial) y el espacio intermembrana.

En la membrana externa, se encuentra muy representada una proteína de la familia de las porinas, que permite la difusión libre de toda molécula inferior a 5 kDa (es decir, es permeable para pequeñas proteínas!).

En cambio, la membrana interna es especialmente impermeable. Por ejemplo, presenta una elevada concentración del fosfolípido "doble" cardiolipina, que posee cuatro ácidos grasos. Este fosfolípido confiere una especial impermeabilidad respecto a los iones. El paso de sustancias útiles al interior mitocondrial se realiza de forma estrictamente selectiva.

Las proteínas implicadas en los procesos respiratorios mitocondriales se comentan en más detalle en el Tema 28.

6.2. Cloroplastos

Expondré exclusivamente la morfología de los cloroplastos, sin entrar en detalles acerca de su función, que está expuesta en el tema 28 de este temario.

Todas las células vivas de un vegetal contienen plastidios. Se trata de orgánulos con un genoma propio, corto y generalmente presente en múltiples copias. Cada plastidio está rodeado de dos membranas concéntricas. En los tejidos meristemáticos se encuentra los protoplastidios, orgánulos aún inmaduros de los que derivan todos los demás plastidios, que serán de uno u otro tipo según las instrucciones que dicte el genoma nuclear de la célula. Es decir, si los meristemos de una hoja se hacen crecer en ausencia de luz, sus plastidios no darán cloroplastos sino etioplastos, que morfológicamente presentan membranas internas y una clorofila de color amarillo. Al exponer los etioplastos a la luz se transforman rápidamente en cloroplastos, regenerando todo el sistema de membranas y la clorofila funcional.

Aunque son orgánulos bastante más grandes, la organización de los cloroplastos se basa en principios básicos muy similares a los que emplea la mitocondria. Concretamente, la presencia de una membrana externa permeable y una membrana interna impermeable en la que se insertan las proteínas de transporte.

Dentro de la membrana interna encontramos el estroma, una cavidad análoga a la matriz mitocondrial por el gran número de enzimas metabólicas que posee.

Otra analogía con las mitocondrias es la presencia de genoma y toda la maquinaria genética (ribosomas,...) para expresarla.

Una diferencia básica entre mitocondrias y cloroplastos es que, en estos, el sistema de transporte electrónico no está en la membrana interna (que no tiene crestas) sino en una tercera membrana denominada membrana tilacoidal.

La membrana tilacoidal recubre cada uno de los tilacoides, que son una especie de sacos aplanados en el interior del estroma. Se piensa que existe comunicación directa entre el lumen de todos los tilacoides, por lo que se habla de un tercer espacio diferente del estroma: el espacio tilacoidal.

7. MECANISMOS DE MOTILIDAD CELULAR

7.1 Cilios y flagelos

Algunas células se valen de cilios y flagelos (estructuras especializadas) en sus desplazamientos. Se trata de estructuras recubiertas de membrana plasmática y constituidas por microtúbulos y algunas proteínas acompañantes. Los cilios son cortos y abundantes, los flagelos son largos, suelen acompañarse de estructuras adicionales como mitocondrias y generalmente hay 1 o 2 por célula.

La estructura interna de ambos es muy similar, consta de dos partes:

- Axonema → porción que sale de la célula y contiene un esqueleto interno de microtúbulos
    - Está formado por un par de microtúbulos centrales alrededor del cual se organizan 9 pares de microtúbulos periféricos formando un cilindro
    - Cada uno de los 9 pares del cilindro está formado por un microtúbulo de tipo A y uno de tipo B
    - Los 9 pares de microtúbulos están anclados en el cuerpo basal y unidos entre sí por proteínas accesorias
    - De cada microtúbulo A salen varias moléculas de dineina y contactan con el microtúbulo B del par adyacente

- Cuerpo basal → tiene una estructura idéntica a los centriolos, a partir de él se organiza el axonema y está situado en la base de la estructura

El movimiento se genera como sigue. La dineína transforma la energía proveniente de la hidrólisis de ATP en energía mecánica, mediante la que trata de desplazar a los microtúbulos adyacentes. Como los microtúbulos están anclados y unidos entre sí, este movimiento se transforma en una vibración mecánica del axonema, que mueve el cilio o el flagelo.

7.2 Polimerización / despolimerización de actina cortical

Numerosas células migran cuando están embebidas en un tejido, rodeadas de otras células. Este mecanismo es básico tanto en los procesos de desarrollo embrionario (es el inicio, por ejemplo, de la formación de la cresta neural,...) como en los organismos adultos (migración de macrófagos y neutrófilos a las zonas de infección, migración de osteoclastos y osteoblastos en los procesos de regeneración del hueso,...)

Todo proceso de movimiento de este tipo es similar al movimiento de una célula sobre un soporte sólido. Consta de 3 etapas:

- Protrusión → se produce un crecimiento del córtex de actina hacia el frente de avance celular

- Adhesión → el citoesqueleto de actina se encarga de conectar la membrana con el sustrato
- Tracción → el citoplasma se reordena y es dirigido hacia adelante

Estos tres procesos pueden suceder de forma muy coordinada y dar la impresión de que la célula avanza sin cambiar de forma (como ocurre a los queratinocitos de la epidermis de algunos peces) o actuar de forma independientes, haciendo visible el mecanismo (como ocurre en fibroblastos).

Toda estructura que la célula emite para lanzar adelante el frente de avance (filopodios, lamelipodios, pseudópodos) está constituida internamente por actina polimerizada.

8. CONCLUSIÓN

Las células están envueltas de membrana plasmática. He tratado de indicar la plasticidad de esta estructura, las peculiaridades de su composición y las ventajas que le reporta a la célula. El citosol contiene una fracción soluble, una fracción de proteínas polimerizadas o citoesqueleto, un conjunto de orgánulos endomembranosos, en continuo intercambio con la membrana plasmática externa y unos orgánulos más especiales (con doble membrana y procedentes, muy probablemente, de bacterias primitivas): los orgánulos de gestión energética.

Tras comentar esa organización citosólica, he dedicado un breve apartado al final a comentar los mecanismos por los que estas células pueden desplazarse en diversas circunstancias, con lo que daría por concluida mi exposición.

Bibliografía útil:

ALBERTS, B. y otros. (2004) "Biología molecular de la célula", 4°ed, Ed. Omega.

BECKER, W.H. (2007) "El mundo de la célula", Ed. Adison-Wesley

KARP, G. y GEER P.vD. (2005) "Biología celular y molecular: conceptos y experimentos" Ed. McGraw Hill.

LODISH, H. y otros. (2005) "Biología celular y molecular", Ed Panamericana

PANIAGUA, R. y otros (2007) "Biología celular", Ed. Mc Graw-Hill

PANIAGUA, R. y otros (2007) "Citología e histología vegetal y animal", Ed. Mc Graw-Hill

VOET, D. y otros (2007) "Fundamentos de bioquímica: la vida a nivel molecular", Ed. Panamericana

0. INTRODUCCIÓN

Las células necesitan disponer de energía para sus procesos vitales. Esta energía suelen almacenarla de un modo que les permite una utilización rápida y una distribución eficaz, se trata de la moneda química de intercambio energético: el ATP.

La energía suele obtenerse de procesos catabólicos, es decir, mediante la oxidación de moléculas de varios C (glucosa, fructosa, ácidos grasos,...) a moléculas pequeñas (etanol, ácido láctico, dióxido de carbono,...)

En unos organismos especiales, los organismos fotosintetizadores o quimiosintetizadores, se puede realizar un proceso inverso, en cuanto al resultado que se obtiene, mediante el que se fabrican moléculas orgánicas a partir de materia inorgánica. Este proceso es el que nutre las cadenas tróficas de toda la biosfera.

En esta exposición, hablaré de la manera como la célula desarrolla estos asuntos energéticos. Lo haré siguiendo el siguiente orden... (es muy conveniente exponer con claridad el orden que se va a seguir, leer el índice de una forma ágil)

1. NECESIDADES ENERGÉTICAS DE LA CÉLULA

Las células son unidades autónomas de la vida, necesitadas de aporte energético continuo para poder desarrollar su actividad. En las células con capacidad fotosintética o quimiosintética, se recibe la energía procedente del Sol y se almacena en forma de moléculas de mayor tamaño. Estas moléculas son dirigidas a los procesos catabólicos, de los que obtienen energía todas las células del planeta, bien degradándolas parcialmente, o bien llegando a su oxidación total (para lo que se precisa un aceptor final de electrones, que muy frecuentemente es el oxígeno).

En los apartados sucesivos, expondré detalladamente los principales mecanismos catabólicos y anabólicos. Antes de entrar en esta descripción, quisiera dedicar este apartado a comentar una serie de rasgos asociados al trasiego de energía en las células vivas. Estos son cuatro:

- La variabilidad de usos que tiene la energía en las células vivas

- La sumisión de todo proceso biológico a las leyes de la termodinámica

- La figura del ATP como moneda de intercambio energético

- La importancia de los flujos de electrones como generadores de energía en sistemas biológicos

Casi desde el inicio de su existencia, o como condición para ella, los seres vivos han optimizado su capacidad de canalizar la energía que reciben y transformarla en algún tipo de trabajo. **Los trabajos de destino son muy variados**:

- construcción de macromoléculas
- creación y mantenimiento de gradientes de concentración/eléctricos
- movimiento
- calor
- luz (por ejemplo en algunos peces bentónicos o en luciérnagas)

Todas las transformaciones biológicas de energía obedecen las leyes de la termodinámica. El parámetro clave que determina la espontaneidad de una reacción es la energía libre de Gibbs. Su incremento ha de ser negativo para que la reacción sea termodinámicamente favorable y, en definitiva, pueda suceder. La fórmula...

$$\Delta G = \Delta H - T\Delta S$$

…permite calcular esta magnitud como el incremento entálpico menos el producto de la temperatura y el incremento entrópico. Todas las reacciones químicas transcurren siguiendo la lógica que se deriva de esta expresión:

- su ΔG es favorecida si las nuevas interacciones químicas formadas son mejores que las de partida (ΔH negativa)
- su ΔG es favorecida si la temperatura es elevada
- su ΔG es favorecida si el estado final permite al sistema aumentar su entropía (ΔS positiva)

Curiosamente, los seres vivos cumplen muy bien la primera y segunda característica, pero se oponen al incremento de entropía. Empleando un lenguaje didáctico, podríamos decir que la condición de mantener vivo el todo impide a sus partículas explorar numerosas disposiciones espaciales, restándoles en cierta forma libertad. Ese sería el precio que deben pagar los sistemas por estar vivos, por estar obligados a mantener cierto orden o ciertos límites en su disposición.

Otra idea que quiero resaltar en este apartado inicial es la siguiente: **El ATP es la moneda de energía libre utilizada por los seres vivos.** Me fijaré en cuatro puntos de esta idea:

- La hidrólisis de ATP en condiciones estándar (25ºC, pH=7, concentración 1M,…) proporciona una energía libre de 7,3kcal/mol. Ahora bien, dentro de la célula, el pH puede variar y las concentraciones de reactivos (ATP) y productos (ADP) son muy diferentes a las estándar. Esto explica valores como los obtenidos en algunos ensayos *in vitro* (por ejemplo, en el interior de eritrocitos humanos se han medido valores de 12.4kcal/mol, aunque se acepta que este valor puede fluctuar mucho dependiendo de los tipos celulares)

- Existen otros compuestos trifosfato que sustituyen al ATP en algunos pasos del metabolismo celular (UTP, CTP, GTP y TTP).

- El ATP generalmente proporciona energía por transferencia de grupo (une el fosfato covalentemente a la molécula sobre la que cataliza la reacción) y no por simple hidrólisis. Una simple hidrólisis generaría un desprendimiento insuficiente de calor.

- El grupo transferido en la reacción no siempre es el grupo fosfato. Ver figura.

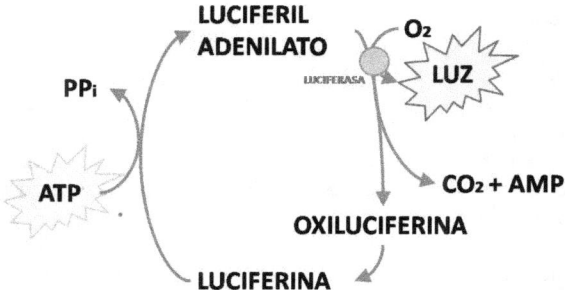

Mecanismo bioquímico de producción de luminosidad en luciérnagas.
El ATP se hidroliza, pero transfiere el grupo adenilato, no el fosfato como habitualmente.

El flujo de electrones puede realizar trabajo biológico. La fuerza electromotriz de los electrones puede generar trabajo útil si se coloca en su circuito de paso un transductor adecuado. Desde esta perspectiva, cualquier reacción redox en el organismo es útil, porque acumula electrones en compuestos que luego los ceden a cadenas de transporte y generan energía. Existen algunas proteínas y coenzimas que actúan de transportadores universales de electrones. Ejemplos son el NADH, NADPH, FADH$_2$... y las proteínas a las que estos coenzimas se asocian específicamente.

2. RESPIRACIÓN CELULAR AEROBIA Y ANAEROBIA

2.1. Glucólisis y catabolismo de las hexosas

La glucosa es el principal combustible de las células (de su oxidación completa se obtienen más de 2800 kJ/mol), además de ser el precursor de muchos otros principios activos.

La glucosa tiende a almacenarse en polímeros (glucógeno en animales y hongos, almidón en vegetales). Con ello se reduce el espacio necesario para almacenar energía y, principalmente, se evita un incremento de la osmolaridad celular.

La ruta específica de degradación de la glucosa es la glucólisis, que oxida parcialmente esta molécula hasta piruvato, que puede dirigirse a destinos muy diversos, entre ellos su oxidación completa mediante el ciclo de Krebs y la cadena de transporte electrónico. La entrada de metabolitos al ciclo de Krebs no proviene únicamente de la glucólisis, aunque en algunos tipos celulares esta es una vía muy preferente (neuronas) o incluso la única (eritrocitos, células de la médula renal y espermatozoides).

Actualmente, el término **fermentación** indica **"degradación anaeróbica de glucosa u otros nutrientes glucídicos"**. Es decir, incluye la glucólisis, pero considera también las etapas finales de degradación anaerobia del piruvato.

. . .

En el presente tema hay un fuerte contenido correspondiente a los esquemas de rutas metabólicas. Considerando que no es éste un manual de bioquímica, me he limitado a citar los rasgos principales (en los manuales pueden verse las rutas), añadir una breve explicación de la bioquímica básica de la ruta y varios datos interesantes (para que el opositor elija) para comentar en el desarrollo escrito del ejercicio de oposición. **No todos los tribunales están dispuestos a que el material gráfico no leído por el opositor (aunque éste lo enseñe) sea puntuable.** La legislación en esto varía, pero en la práctica, es mejor tratar de describir las vías mediante redacción.

La glucólisis fue la primera ruta metabólica descrita. Se considera que la primera referencia fue el trabajo de Eduard Büchner (1897) en el que señaló que extractos de células de levadura "fermentaban". En 1905, Artur Harder y William Young determinaron la necesidad de enzimas ("fracción sensible al calor") y otros compuestos como ADP, NAD,... ("fracción no sensible al calor") para que la glucólisis funcionara. No fue, sin embargo, hasta principios de los 40 cuando el bioquímico alemán Otto Meyerhof describió los detalles de la vía y Fritz Lippmann y Herman Kalckar definieron el papel energético de los compuestos que surgían de ella (ATP y NADH).

Podríamos resumir la glucólisis en dos fases:

- **Una fase preparatoria**, que precisa ATP y lleva la glucosa a monosacáridos-P de 3C.

- **Una fase de beneficios**, en la que se obtiene ATP y NADH. Es la transformación de los compuestos anteriores en piruvato.

a) Paso de la glucosa a DHAP y G3P

La glucosa se fosforila en posición 6 y se isomeriza a fructosa-6-P. Esta molécula se fosforila en el C1 y posteriormente se fragmenta para dar lugar a gliceraldehido-3-P (G3P) y dihidroxiacetona-P, productos finales de la etapa.

En todas las fosforilaciones se consume una molécula de ATP, que transfiere el grupo P volviéndose ADP.

Intervienen tres enzimas que precisan el catión magnesio en su centro activo (por este orden: la hexokinasa, la fosfohexosa isomerasa y la fosfofructokinasa-I). El último paso es catalizado por la aldolasa y la isomerización entre los productos finales es posible gracias a la triosa-P-isomerasa.

b) Paso de G3P a piruvato

El primer paso es la fosforilación del G3P en posición 1 para dar lugar a 1,3-bisfosfoglicerato. Es una reacción compleja en la que el sustrato se une covalentemente a una cisteína del enzima (la G3P-deshidrogenasa). Se sabe además que se produce poder reductor (en forma de NADH) y que, curiosamente, el grupo P no proviene del ATP sino de la fracción soluble de aniones fosfato.

El 1,3-bisfosfoglicerato pierde un fosfato formando 3-fosfoglicerato (3-PG), que isomeriza a 2-PG y, perdiendo una molécula de agua, origina fosfoenolpiruvato (PEP). Las fosfoglicerato kinasa y mutasa (ambas dependientes de Mg^{2+}) catalizan las dos primeras reacciones, la enolasa la tercera.

Como último paso, la piruvato kinasa, una enzima compleja que precisa Mg^{2+} y K^+, genera piruvato obteniendo 1 ATP como rendimiento.

Si bien en la fase anterior se invertían 2 ATPs por cada glucosa, en esta fase se obtienen 4 y 2 NADH, quedando el balance global de la glucólisis en 2 ATPs y 2 NADHs por glucosa oxidada.

c) ¿Dónde va el piruvato generado?

La respuesta a esta pregunta depende de las condiciones de entorno (aerobias o anaerobias). Expondré ambos casos.

En condiciones aerobias, el piruvato se oxida a acetato, que, funcionalizado con el coenzimaA, entrará en el ciclo de Krebs para dar lugar a CO_2 y agua, generando una gran cantidad de ATP gracias a la cadena de electrones y la fosforilación oxidativa. Expondré más tarde los detalles de esta oxidación aerobia, en el apartado 2.2.

En condiciones anaeróbias (en músculos muy activos, en algunos tejidos de plantas sumergidas, en bacterias fermentadoras...) puede seguir varios caminos, pero sin llegar a degradarse hasta CO_2, sino generalmente compuestos menos oxidados, por lo que de 2 carbonos, por lo que el rendimiento de la ruta es menor.

Se reserva el nombre de **fermentación** para la glucólisis que acaba en esta oxidación anaeróbica del piruvato. La fermentación será láctica, acética, alcohólica,... dependiendo del producto final de la ruta. Expondré a continuación algunas de las fermentaciones más comunes.

- **Fermentación láctica**
  - El piruvato es transformado en lactato gracias a la acción de la enzima lactato deshidrogenasa. En esta reacción, el NADH se reduce a NAD+, constituyendo un mecanismo biológico para

regenerar el coenzima en su forma oxidada, necesario para la glucólisis.

- o Se trata de un mecanismo biológico muy elegante. El número de oxidación de los carbonos de la glucosa no cambia al pasar a lactato ($C_6H_{12}O_6 \rightarrow C_3H_6O_3$). Sin embargo, se obtienen 2 ATP. Constituye esta una forma muy primitiva de obtención de energía química.
- o En los años 40, Carl y Gerty Cori, determinaron que el paso de glucosa a lactato en músculo era recorrido en sentido inverso (lactato $\rightarrow$ glucosa) en células hepáticas. A este ciclo cerrado se le conoce como ciclo de Cori.

- **Fermentación alcohólica**
  - o En un primer paso, el piruvato es transformado en acetaldehído. La enzima piruvato descarboxilasa (enzima muy conocido por su papel clave en otra ruta, la gluconeogénesis) cataliza esta reacción, en la que se pierde una molécula de CO_2. Para ello precisa de Mg^{2+} y pirofosfato de tiamina (vitamina B_1) como coenzimas.
  - o En un segundo paso, el acetaldehído se convierte en etanol, oxidando el NADH a NAD^+, en el seno de la alcohol deshidrogenasa.
  - o En personas, esta reacción tiene lugar mayoritariamente en las células del hígado.

- **Fermentación acética**
  - o No debería estar en este apartado, por tratarse de una fermentación que emplea el oxígeno. Las bacterias Acetobacter aceti oxidan el etanol a ácido acético en presencia de oxígeno. Es el proceso que transforma el vino en vinagre.

- **Fermentación butírica**
  - o Es la conversión de piruvato en ácido butírico, por bacterias del género *Clostridium butyricum* en condiciones anaeróbicas.

d) ¿Cómo se alimenta la vía glucolítica?

Hasta ahora he descrito la glucólisis y la oxidación anaerobia del piruvato. Antes de pasar a explicar los procesos de respiración aerobia, dado que en ella los sustratos pueden provenir también de otras fuentes (como el catabolismo lipídico), voy a hacer un pequeño comentario sobre el origen de los sustratos de la vía glucolítica.

Ahora que tenemos presentes los diferentes pasos de la vía, veamos a qué nivel entran algunos sustratos comunes...

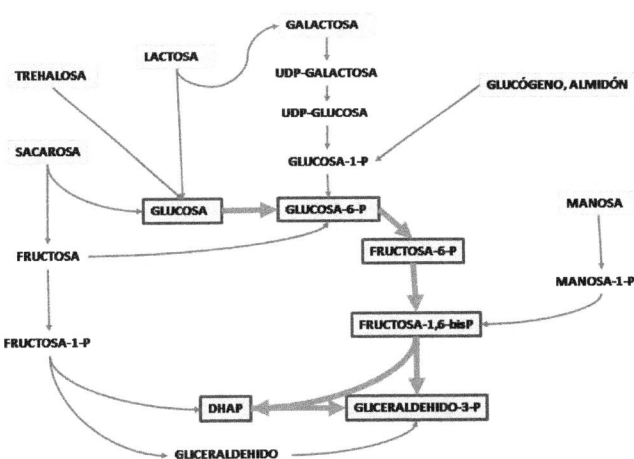

ENTRADA DE DIFERENTES AZÚCARES EN LA GLUCÓLISIS

2.2. El ciclo de Krebs

a) ...en un primer paso, el piruvato se oxida a AcetilCoA

Esta reacción se lleva a cabo gracias al complejo trienzimático denominado Piruvato deshidrogenasa. Como sustratos de la reacción están el piruvato, el coenzima A reducido y el coenzima NAD$^+$, en su forma oxidada. Los productos son AcetilCoA, CO_2 y NADH, reducido.

La reacción enzimática es posiblemente una de las más estudiadas. Consta de tres pasos y en ella intervienen como cofactores el pirofosfato de tiamina (vitamina B$_1$), el lipoato y el FAD oxidado.

Una descripción como la que presento resultaría adecuada (de acuerdo a la duración del ejercicio). Puede optarse por otros enfoques:
- Un comentario más metódico reacción a reacción
- Una idea general y algunas particulares de los enzimas implicados
- Un análisis del balance neto

b) ...la segunda etapa es el ciclo de Krebs, que consta de 8 pasos

Creo que es interesante hacer una reflexión sobre la siguiente cuestión: **"¿por qué un ciclo tan largo para pasar de un compuesto de 2 carbonos a CO_2? ¿no puede realizarse una oxidación más sencilla?"**. Químicamente esto sería perfectamente posible, la oxidación de acetato a CO_2 y agua no requiere 8 complejos enzimáticos, ni un conjunto de coenzimas oxidados.

El objetivo principal que persigue la célula no es oxidar acetato (que se podría conseguir mucho más fácilmente). Se trata de generar un ciclo que...
- produzca poder reductor
- sea alimentable mediante metabolitos intermedios de 4 o 5 carbonos provinentes de muchos procesos

En definitiva, **el Ciclo de Krebs es un "reciclador celular que obtiene poder reductor"**, y para esto sí que es efectivo, no tanto para oxidar acetato.

La mecánica del ciclo es como sigue. El AcetilCoA se une al oxalacetato y forman un compuesto de 6C (citrato). Éste se isomeriza a isocitrato, que pasa a α-cetoglutarato con pérdida de un CO_2. A este compuesto de 5C, se le une el coenzimaA reducido y, tras sufrir una descarboxilación, se transforma en succinil-CoA (de 4C). El succinilCoA, perdiendo el CoA, se transforma en succinato. En esta reacción se consigue una molécula de GTP (única energía química utilizable de forma directa que sale de todo ciclo). A partir de este punto, se producen una serie de transformaciones entre compuestos de 4C. En este orden, succinato, fumarato, malato y, de nuevo, para reiniciar el ciclo, oxalacetato.

El producto más característico de este ciclo, el poder reductor se genera en 4 de los pasos descritos anteriormente:
- el paso de isocitrato a α-cetoglutarato
- el paso de α-cetoglutarato a succinilCoA
- el paso de succinato a fumarato (este produce $FADH_2$, el resto NADH)
- el paso de malato a oxalacetato

2.3. Oxidación de los ácidos grasos

Aunque los ácidos grasos están presentes en todas las células, su acumulación mayoritaria se produce en el tejido adiposo, lugar al que llegan tras ser absorbidos en intestino delgado, intercambiados entre diferentes lipoproteínas de diferente densidad en su viaje por sangre y depositados finalmente en acúmlos lipídicos citoplasmáticos. Desde este lugar, cuando hay necesidades energéticas, son movilizados por acción hormonal.

Me centraré en el modo como estos ácidos grasos, una vez entran en el citoplasma celular de las células destino, son oxidados para que su energía pueda ser almacenada en forma de ATP.

a) Transporte al interior de las mitocondrias

Una vez entran en la célula, los ácidos grasos son transportados al interior de la mitocondria gracias al transportador carnitina/acilcarnitina.

El mecanismo funciona como sigue. En el citosol, al ácido graso se le añade CoA y, gastando un ATP, se transforma en un acilCoA. Éste puede atravesar la membrana mitocondrial externa y pasar al espacio intermembrana. Allí el CoA se intercambia con la carnitina, formándose un complejo activado acilcarnitina. Éste es transportado a la matriz mitocondrial a través de un sistema de translocación antiporte con carnitina: el translocador carnitina/acilcarnitina. Una vez dentro, se produce el cambio de CoA por carnitina y el ácido graso queda funcionalizado en forma de acilCoA, preparado para entrar en la β-oxidación.

Los enzimas que catalizan el intercambio entre carnitina y CoA son la carnitina palmitoil transferasa I (en el espacio intermembrana) y la II (en la matriz mitocondrial).

b) La β-oxidación de ácidos grasos

Se trata de un conjunto de etapas, cíclicas, cada una de las cuales consta de 4 pasos básicos:

- la deshidrogenación del acilCoA genera un doble enlace entre los átomos α y β (C2 y C3), transfiriendo electrones al FAD como resultado. Este paso puede estar catalizado por una de las tres isozimas de la acilCoA deshidrogenasa:
    - LCAD ("Long chain acilCoA deshydrogenase"), para ácidos grasos de 12 a 18C
    - MCAD ("Medium..."), ácidos grasos de entre 4-14C
    - SCAD ("Short..."), ácidos grasos de entre 8-4C.

- la adición de agua al doble enlace para formar el estereoisómero L del d-hidroxiacilCoA correspondiente. Este paso lo cataliza la Enoil-CoA hidratasa).

- la deshidrogenación del b-hidroxiacilCoA para formar un b-cetoacilCoA. Una reacción catalizada por la b-hidroxiacil deshidrogenasa, mediante un mecanismo muy análogo al de la malato deshidrogenasa del ciclo de Krebs.

- La reacción del b-cetoacilCoA con una molécula de CoA soluble, para que se libere un acetilCoA, que entrará en el ciclo de Krebs. Esta reacción la cataliza la tiolasa (o acilCoAacetiltransferasa)

El mecanismo básico es este, aunque existen peculiaridades si se trata de ácidos grasos saturados, o de cadena impar.

2.4. Oxidación de los aminoácidos y producción de urea

El metabolismo de los aminoácidos varía ligeramente entre plantas, hongos y animales. Señalo de entrada que la descripción que haré a continuación está referida a lo que ocurre en la mayoría de grupos animales.

Los animales degradan aminoácidos, básicamente, en tres situaciones diferentes:

- Para atender los procesos normales de síntesis y degradación de proteínas celulares

- Para eliminar el excedente. En dietas hiperproteicas, por ejemplo, un gran porcentaje de los aminoácidos sobrantes se catabolizan, porque no existen mecanismos de almacenamiento masivos (como puede ocurrir, por ejemplo, con glúcidos o lípidos)

- Durante estados de inanición, cuando no existen glúcidos disponibles, o en casos de diabetes mellitus, cuando los glúcidos no se utilizan por faltar la señal que indica su presencia en sangre, se pueden degradar proteínas para obtención de energía.

Esta reticencia a emplear aminoácidos como energía si no es imprescindible puede tener un sentido. Pese a la gran abundancia de nitrógeno en la atmósfera (un 78% del aire es N_2), su incorporación a los sistemas vivos es lenta y esporádica (sólo algunos microorganismos, fijadores del N_2, lo consiguen). Su incorporación por las plantas, vía nitratos y amonio del suelo, también es limitada. Es por esto que los grupos amino se emplean de forma muy conservadora en los sistemas vivos.

A grandes rasgos, el flujo de los aminoácidos en el cuerpo es como sigue.

- Está centrado en el hígado, y a este órgano llegan aportes de aminoácidos provinentes de dieta, de músculo (básicamente en forma de glutamina y alanina)
- Existe un mecanismo químico muy extendido mediante el cual un aminoácido se transforma en su correspondiente α-cetoácido a la vez que el α-cetoglutarato se convierte en glutamato. Esta reacción acoplada resulta central. Los aminoácidos provinentes de las proteínas de la dieta, se incorporan a nuevas proteínas o pasan a su forma de α-cetoácido.
- Ahora bien, el glutamato ha de regenerar el α-cetoglutarato de alguna forma, para que éste no se agote. Esta reacción, al producirse, genera un catión amonio.

- La glutamina que viene del músculo se transforma en glutamato, y se pierde otro catión amonio.
- La alanina, también del músculo, se transforma en el hígado a piruvato, perdiendo otro catión amonio.
- En resumen, la degradación de aminoácidos genera una acumulación de nitrógeno en forma de cationes amonio. Este exceso de nitrógeno se elimina por vía urinaria, de diferentes formas:
    - Como amonio disuelto (animales amoniotélicos, principalmente muchos vertebrados acuáticos)
    - Como urea (animales ureotélicos, como son los vertebrados terrestres y los peces cartilaginosos)
    - Como ácido úrico (animales uricotélicos, como aves y reptiles)

- muchos aminoácidos pueden transformarse en intermediarios del ciclo de Krebs
- otros pueden convertirse en glucosa o en cuerpos cetónicos

2.5. Cadena de transporte electrónico y fosforilación oxidativa

En 1948, Eugene Kennedy y Albert Lehninger descubrieron que en las mitocondrias se realiza una reacción de síntesis de ATP gracias al flujo de los electrones obtenidos en procesos oxidativos. Este descubrimiento de la fosforilación oxidativa marca el punto de inicio de la fase moderna de los estudios sobre transducciones energéticas en las células.

Durante todo el metabolismo, los electrones son canalizados hacia aceptores de electrones universales. Estos llegan a la membrana interna de la mitocondria y entran en la cadena respiratoria.

La cadena respiratoria está constituida por una serie de complejos enzimáticos presentes en la membrana interna de la mitocondria. Los electrones son transferidos sucesivamente a favor de un potencial redox, desde los coenzimas reducidos ($FADH_2$ y NADH) hasta el aceptor final (el O_2). El flujo de electrones, gracias a la acción catalítica de la ATP sintasa, es utilizado en la síntesis de ATP.

Analizaremos primero la **cadena de transporte de electrones**, en la que podemos distinguir los siguientes pasos:

- **Complejo I (NADH deshidrogenasa)** → toma los electrones cedidos por el NADH y, a través del flavín mononucleótido (FMN) y de los centros Fe-S (una combinación covalente de ambos átomos en el centro activo del enzima), son transportados al coenzima Q.

- **Complejo II (Succinato deshidrogenasa)** → recoge electrones del $FADH_2$, y los lleva al mismo destino que el complejo anterior: el coenzima Q. Es curioso observar cómo este complejo enzimático, paralelamente, forma parte de la maquinaria del ciclo de Krebs.

Los electrones son transferidos entre los componentes de una cadena de transporte siguiendo 3 mecanismos básicos:

- se transfieren únicamente los electrones (ej: Fe^{3+} → Fe^{2+})
- se transfiere un H (un protón + 1 electrón)
- se transfiere un grupo hidruro (un protón + 2 electrones)

- **Complejo III (Citocromo b-c_1)** → los electrones pasan del coenzima Q a una proteína denominada citocromo b, y posteriormente son transferidos al citocromo c_1 y al c.

- **Complejo IV (Citocromo oxidasa)** → está constituido por 2 citocromos, el a y el a_3, encargados de llevar los electrones hasta su destino final, el O_2. La combinación de los electrones con el O_2 generará agua metabólica.

Todo flujo de electrones responde a una diferencia de potencial. Para que el flujo de electrones entre los coenzimas reducidos y el O_2 sea unidireccional, este debe ir a favor de una diferencia de potencial eléctrico. Esa diferencia de potencial se va reduciendo a medida que los electrones avanzan por la cadena de transporte. La diferencia entre el estado inicial y final, que puede calcularse a partir del estado de oxidación de los complejos, es de 1,2 voltios.

En 1961, Peter Mitchell propuso que la energía liberada por este flujo electrónico era empleada para bombear protones desde la matriz mitocondrial al espacio intermembrana (esta idea se denominó hipótesis quimiosmótica). Los cuatro complejos citados en la cadena de transporte tienen esa actividad de bombas de protones impulsadas por ese gradiente electrostático.

Un último complejo, el denominado complejo V o ATP sintasa, tiene una parte (fragmento F_0) que tiene forma de poro intermembrana y permite el retorno hacia la matriz mitocondrial de los protones acumulados en el espacio intermembrana. Junto al fragmento F_0, están la subunidades γ y ε, que forman parte de una especie de tallo y conectan con la subunidad F_1, que tiene actividad ATPasa (capaz de fosforilar ADP y formar ATP). Según la hipótesis más aceptada, el flujo de protones promovería un pequeño trabajo de rotación del tallo, que se transmitiría a la porción F_1 y sería transformado por esta en energía química en forma de ATP.

No obstante, el mecanismo molecular preciso está aún en fase de intenso estudio. La estructura cristalográfica (a resolución atómica) de la ATPsintasa fue resuelta a finales de los 90, y los primeros modelos mecanísticos, basados en cálculos de dinámica molecular, fueron realizados por el grupo de Helmut Gruβmüller, del Max-Plank Institute en Alemania, y publicados en *Nature Structural Biology* en el año 2001. Pero las conclusiones aún son muy preliminares.

3. LA FOTOSÍNTESIS

3.1. Idea general y localización del proceso

En la fotosíntesis, la energía proveniente del Sol es almacenada en forma de energía química, tanto en el ATP como en los enlaces covalentes de la materia orgánica generada. Esta energía, ya en forma química, podrá ser aprovechada por otros eslabones de la cadena trófica, constituyendo el motor de funcionamiento para el conjunto de seres vivos del planeta. Ciertamente, existe otra fuente –aunque minoritaria- de energía no lumínica, incorporada en la biosfera gracias a los organismos quimiosintetizadores. Este modo alternativo de anabolismo será tratado en el apartado 4.

La fotosíntesis tiene dos fases, ambas se localizan en diferentes lugares de los cloroplastos:

- la **fase lumínica** o fotoquímica → compuesta de una serie de reacciones que tienen lugar en las membranas tilacoidales. La luz incidente estimula algunos electrones de los fotosistemas, elevando su energía. Estos electrones son empleados en la reducción de NADP+ a NADPH. El NADPH cede estos electrones a una cadena de transporte semejante a la mitocondrial y se sintetiza ATP por un mecanismo similar. Los electrones arrancados de los fotosistemas son repuestos por una reacción de donación de electrones, que en las plantas es la fotólisis del H_2O, con la consiguiente liberación de O_2 a la atmósfera.

- la **fase oscura** o de biosíntesis → en esta fase, ubicada en el estroma, se emplea el ATP y el NADPH generado en la fase anterior para fabricar materia orgánica a partir de CO_2 y otros compuestos inorgánicos sencillos (iones nitrato, sulfato,...)

3.2. Actores de la fotosíntesis

Un actor importante de este proceso es la **luz**. Esta debe estar en la franja de longitudes de onda entre 400 y 700 nm (radiación visible), siendo óptima cada frecuencia concreta para un tipo de pigmento determinado.

Unas estructuras clave son los **fotosistemas**. Presentan **dos partes**: el complejo antena y el centro de reacción.

- complejo antena → está formado por centenares de proteínas ancladas en la membrana tilacoidal que tienen pigmentos como grupos prostéticos (clorofila, carotenoides…). En función del pigmento y la estructura proteica, estas proteínas captarán luz de una determinada longitud de onda. Toda la energía lumínica captada es transferida al centro de reacción.

- centro de reacción → recibe la energía del complejo anterior y la emplea, gracias a dos clorofilas situadas en una proteína transmembrana, para enviar electrones a la cadena de transporte de la membrana tilacoidal. Los electrones de alta energía cedidos son reemplazados por electrones de baja energía procedentes de la fotólisis del agua.

Los **fotosistemas** (PS) son de **dos tipos**:
- PS-I → tiene clorofila P_{700} (máximo de absorción a 700nm) y está en los tilacoides no apilados, en contacto con el estroma.
- PS-II → tiene clorofila P680 (máximo a 680nm) y está en los tilacoides apilados (grana). Una proteína de este complejo cataliza la fotólisis del agua del interior del tilacoide.

Hemos citado la importancia de algunos **pigmentos**. Hablaré brevemente de su naturaleza, así como de otros pigmentos propios de organismos fotosintetizadores inferiores.

- clorofila → hay dos tipos (clorofila a y b). Ambas tienen dos picos de absorción situados en los extremos del espectro (algo menos de 500 y cercano a 700nm). Constan de una porfirina con un magnesio divalente central unida a un terpeno (el fitol) que le confiere capacidad para anclarse en dominios hidrofóbicos.

- carotenoides (carotenos y xantofilas) → tienen dos picos en el verde y el azul. Cumplen una función especial. Comparten la franja de luz de alta energía con la clorofila, disminuyendo así el exceso de radiación, que puede causar radicales libres a partir del O_2 y oxidación de la misma clorofila.

- ficobilinas (ficocianina y ficoeritrina)→ absorben en la zona central del espectro. Son típicos de algunas algas y bacterias.

3.3. La fase lumínica

Cuando un fotón con longitud de onda de aproximadamente 680nm llega al PS-II, provoca la excitación de un electrón de la clorofila P_{680}. Este electrón es recogido por la feofitina, pasa a la plastoquinona y al complejo del citocromo b_6-f. En esta última cesión electrónica se genera ATP. Finalmente, el electrón, que ha sido transportado sucesivamente a favor de un gradiente eléctrico, es cedido a la plastocianina y entregado por esta, ya como electrón de baja energía, en el PS-I.

La llegada de un fotón adecuado al P700, estimula el ascenso de un electrón a un estado de alta energía, y es cedido a la ferredoxina, que se une al enzima ferredoxina-NADP reductasa y promueve la generación de NADPH.

Como puede verse, los electrones del PS-II son repuestos por el agua y los del PS-I por la plastocianina.

El complejo plastoquinona-citocromo b_6-f funciona en la práctica como una máquina que bombea de protones al espacio tilacoidal. Por un mecanismo análogo al descrito para la mitocondria, estos electrones retornarán al estroma a través de la ATPsintasa, generando una gran cantidad de ATP.

Si no existe luz de 680nm, el PS-I funciona independientemente del PS-II, fenómeno conocido como **fotofosforilación cíclica**, que ocurre sin fotólisis del agua y, por tanto, sin oxígeno. El truco consiste en que la ferredoxina también puede ceder los electrones recibidos a la pastoquinona, esta al citocromo b_6-f. Finalmente llegarán a la plastocianina, que los volverá a entregar, ya con baja energía, al PS-I. En este proceso, como no se han liberado protones del agua, no se genera NADPH ni flujo de protones a través de la ATPsintasa, sólo pequeñas cantidades de ATP en el citocromo b_6-f, por lo que resulta menos rentable.

3.4. La fase oscura

En esta fase, la planta emplea el ATP y el NADPH para reducir compuestos inorgánicos (CO_2, SO_4^{2-}, NO_3^-,...). El mecanismo más conocido es la reducción de CO_2 para formar glucosa, conocido como Ciclo de Calvin y realizado en el estroma.

Podemos distinguir 6 pasos o reacciones importantes en este ciclo:

a) Un CO_2 (en verdad, 6 CO_2, porque el ciclo de Calvin se entiende mejor si consideramos las cantidades necesarias de cada reactivo para obtener una molécula de glucosa) se une a la ribulosa-1,5-bisP y esta se rompe formando 2 moléculas de 3-fosfoglicerato. Esta reacción está catalizada por el complejo enzimático más conocido de la ruta, la RUBISCO (Ribulosa-1.5-bisP carboxilasa oxidasa)

b) El ATP fosforila cada 3-fosfoglicarato formándose 1,3-bisP-glicerato

c) El NADPH reduce cada molécula anterior a gliceraldehido-3-P

d) Es un paso muy complejo, que necesita de la naturaleza cíclica del ciclo de Calvin para entenderse. Mediante numerosas reacciones, 10 moléculas de gliceraldehido-3-P forman 6 de ribulosa-5-P

e) Estas 6 ribulosa-5-P, gracias a 6 ATP, forman 6 ribulosa-1,5-bisP

f) Como en la fabricación de las ribulosa-5-P sólo se han gastado 10 gliceraldehido-3-P, sobran 2, que se unen para formar 1 fructosa-1,6-bisP que se transformará seguidamente en otros monosacáridos, principalmente glucosa, almacenable en el almidón, o fructosa para formar sacarosa.

Como resumen, han hecho falta 6 CO_2 y 18 ATP, 12 NADPH y seis vueltas del ciclo de Calvin para fabricar una molécula de glucosa.

3.5. Procesos alternativos (metabolismo C_4 y CAM)

Metabolismo C_4

Este proceso se desencadena cuando la RUBISCO capta O_2 en vez de CO_2 (hecho que se produce con más intensidad cuando aumenta la temperatura). Esta reacción produce fosfoglicolato y 3-fosfoglicerato. Al reciclar el fosfoglicolato (mediante el conocido como Ciclo de Hatch-Slack) se libera CO_2 y se consume una cantidad extra de O_2 (por lo que este proceso se llama fotorespiración). Las plantas tropicales tienen una vía para concentrar el CO_2 en el lugar donde se produce el ciclo de Calvin. Esta vía permite a las plantas tropicales no ver inhibida la fotosíntesis a las horas de mayor luminosidad.

Metabolismo ácido de las crasuláceas (plantas CAM)

En las plantas C_4, la captura de CO_2 está separada espacialmente de su incorporación al Ciclo de Calvin. En las plantas crasuláceas, esta separación debe ser también temporal, dado que los estomas han de estar cerrados durante el día por problemas hídricos.

Es decir, cuando mayor es la iluminación, estas plantas no pueden estar captando CO_2. Durante la noche, el CO_2 es fijado a fosfoenolpiruvato, y transformado a malato, que es almacenado en grandes vacuolas y utilizado durante el día siguiente para proveer de CO_2 al ciclo de Calvin.

3.6. Factores que afectan a la velocidad de la fotosíntesis

- Humedad → un ambiente seco provoca el cierre de los estomas y dificulta la expulsión de CO_2, lo que frena la fotosíntesis. El metabolismo C_4 no es tan sensible a la baja humedad como el C_3.

- Temperatura → Como en todo proceso regulado por enzimas, éstas actúan mejor a cierta temperatura, y a menor velocidad si la temperatura es superior/inferior.

- La frecuencia o color de la luz incidente → El fotosistema II necesita luz de longitud de onda inferior a 680 nm. Con luz más hacia el rojo no actúa, produciéndose sólo fotofosforilación cíclica y bloqueo del proceso.

- Las concentraciones de CO_2 y O_2 → En una determinada franja de concentración, un aumento de CO_2 implica mayor velocidad, hasta que llega a un punto que se satura el proceso. Se trata de un comportamiento típico de sustrato. Por otra parte, incrementos de O_2 frenan la fotosíntesis, por el empuje excesivo que recibe la fotofosforilación.

- La intensidad de la luz → cada especie presenta una intensidad umbral, a partir de la cual presenta actividad fotosintética, y un patrón exponencial característico de incremento de esa actividad en respuesta a intensidades crecientes de luz.

- El fotoperiodo → gracias a la acción de una compleja maquinaria enzimática denominada fitocromo, las plantas diferencian entre épocas de día largo y de día corto. El rendimiento de la maquinaria fotosintética no es igual en ambas épocas. Es decir, no sólo se recibe diferente cantidad de luz a lo largo de todo un día, sino que la velocidad del proceso en sí varía en función de la cantidad de horas de sol.

4. LA QUIMIOSÍNTESIS

Se conoce como quimiosíntesis a la fabricación de materia orgánica a partir de moléculas sencillas (típicamente CO_2 o CH_4) empleando reacciones químicas (por ejemplo la oxidación de sulfuro de hidrógeno, hidrógeno molecular o metano) como fuente de energía.

La producción primaria basada en este proceso permite en la actualidad una considerable actividad biológica alrededor de las fumarolas volcánicas submarinas.

Este tipo de metabolismo fue expuesto de forma muy clara en los trabajos de Sergei Winogradsky, ecólogo ruso, que desarrolló, a finales del siglo XIX y principios del XX, un intenso trabajo describiendo los géneros Nitrosomonas y Nitrosococcus (oxidadores del amonio a nitrito) o el género Nitrobacter (oxidador del nitrito a nitrato), y estableciendo por primera vez el concepto de quimioautotrofia.

Pueden distinguirse numerosos tipos de quimiosíntesis según la reacción empleada como fuente de energía:

- Generación de metano a partir de dióxido de carbono e hidrógeno molecular. Esta reacción es exotérmica y puede acoplarse a fenómenos de excitación electrónica, obtención de poder reductor y desarrollo de una actividad biosintética similar a la de la fotosíntesis oxigénica. Su alcance está limitado por la escasez de lugares con concentraciones adecuadas de H_2.

- La reacción de O_2 con sulfuro de hidrógeno y amoniaco es también otra ruta de este tipo. En este caso, sería dependiente de procesos fotosintéticos cercanos que produzcan suficiente O_2.

- Las oxidaciones de compuestos nitrofgenados observadas por Winogradsky son otro ejemplo de este tipo de metabolismo.

5. CONCLUSIÓN

Tras exponer unos principios generales de energética celular, he tratado de describir las principales rutas y mecanismos de los procesos oxidativos celulares en condiciones aerobias y anaerobias. Posteriormente, he comentado el modo de fabricación de materia orgánica aprovechando la energía de la luz solar (fotosíntesis), para acabar exponiendo este mismo proceso, pero en condiciones en que el dador original de energía es una reacción química entre compuestos simples: la quimiosíntesis. Con ello, doy por concluida mi exposición.

Bibliografía útil:

ALBERTS, B. y otros. (2004) "Biología molecular de la célula", 4°ed, Ed. Omega.

DIAZ ZAGOYA, J.C. y JUÁREZ OROPEZA, M.A. (2007) "Bioquímica: un enfoque básico aplicado a las ciencias de la vida", Ed. Mc Graw-Hill

GARRIDO PERTIERRA, A. y otros (2007) "Fundamentos de bioquímica metabólica", Ed. Tébar

KARP, G. y GEER P.vD. (2005) "Biología celular y molecular: conceptos y experimentos" Ed. McGraw Hill.

LODISH, H. y otros. (2005) "Biología celular y molecular", Ed Panamericana

SAKS, V. (2007) "Molecular systems bioenergetics: energy for life", Ed. Wiley-VCH

STRYER, L.; BERG, J. M. y TYMOCZKO, T. (2003) "Bioquímica". 5ª edición. Ed. Reverté. Barcelona.

VOET, D. y otros (2007) "Fundamentos de bioquímica: la vida a nivel molecular", Ed. Panamericana

TEMA 29

EL NÚCLEO INTERFÁSICO Y EL NÚCLEO EN DIVISIÓN. EL CICLO CELULAR Y LA DIVISIÓN CELULAR. MITOSIS Y MEIOSIS.

0. INTRODUCCIÓN

Aunque el registro fósil no nos permite en este caso precisar mucho, hace poco más de 1000 millones de años la organización de los sistemas vivos sufrió un cambio crucial. El material genético, aquel que asegura el mantenimiento del orden químico entre generaciones, fue preservado del entorno citoplasmático hostil y resguardado dentro de una doble membrana, en lo que hoy conocemos como el núcleo celular.

Esta circunstancia produjo dos ventajas adaptativas claras a los nuevos huéspedes. Por un lado, el material genético no está sujeto a la tensión del citoesqueleto, siendo más difícil que se fragmente. Por otra parte, este material recluido en el núcleo está más replegado sobre sí mismo, con lo que las posibilidades de interacción entre sus diferentes zonas se multiplican enormemente. El éxito evolutivo de los sistemas vivos que adoptaron esta novedad estructural es indudable. Hablaré de los ciclos del núcleo (la división y el reposo), de su estructura y composición, así como de dos procesos funcionales básicos: la división celular o mitosis, y aquella división celular peculiar que reduce a la mitad la dotación genética y está en la base de los mecanismos de reproducción sexual: la meiosis. Lo haré siguiendo el siguiente orden... (es muy conveniente exponer con claridad el orden que se va a seguir, leer el índice de una forma ágil)

1

1. EL NÚCLEO INTERFÁSICO

1.1. Estructura del núcleo

En la mayoría de las células eucariotas, el núcleo ocupa aproximadamente el **10% del volumen celular.**

Queda delimitado por la **envoltura nuclear**, que es una membrana doble perforada por unas estructuras proteicas muy complejas denominadas **poros nucleares**, que regulan la selectividad de paso de sustancias. Además, esta doble membrana está rodeada de dos capas proteicas de filamentos intermedios:
- una capa interna (LÁMINA NUCLEAR) de estructura muy ordenada
- una capa más externa y estructuralmente más desordenada, que conecta el núcleo con el retículo endoplasmático

1.2. El ADN comosómico ¿cómo es?

La sustancia más característica del núcleo celular es el **material genético**, constituido por ADN. Hablaré a continuación de algunas de sus propiedades. Recuerdo que la estructura química detallada de este biopolímero y sus funciones básicas son materia del tema 25 de este temario, por lo que me referiré aquí a algunas propiedades macroscópicas del ADN en el núcleo interfásico.

a) dimensiones

Para hacernos una **idea de las dimensiones**, pondré como ejemplo el genoma humano. Se trata de una secuencia de $6 \cdot 10^9$ pares de bases, organizadas en 46 moléculas (23 parejas, al ser organismos diploides) llamadas cromosomas. Éstos presentan tamaños lineales entre 1.7 y 8.5 cm. Esta cantidad de ADN, presente en cada célula, se empaqueta en el núcleo, que viene a ser como un cubo de 1.9μm de lado. A efectos comparativos, citar que $6 \cdot 10^9$ letras como las escritas en este examen ocuparían más de 1 millón de páginas.

Los **cromosomas cambian su estructura y actividad en función de la fase del ciclo celular** (mitosis o interfase). En este apartado estoy haciendo referencia a los cromosomas interfásicos.
b) qué ha de tener una molécula de ADN para ser un cromosoma

Claramente, no cualquier molécula de ADN puede ser considerada **un cromosoma**. Para serlo, además de poder dirigir la síntesis de ARN, **ha de ser capaz de propagarse, transmitiéndose eficientemente de una generación a la siguiente**.

Esta capacidad de replicación le viene conferida por **tres tipos de secuencias**:
- uno o varios **orígenes de replicación** (secuencia a partir de la cual se iniciará el proceso de copia)
- un **centrómero** (secuencia responsable de unir el ADN al huso mitótico)
- unos **telómeros** (imprescindibles para conservar el tamaño del cromosoma en sucesivas divisiones celulares). En eucariotas, esta secuencia es ampliada periódicamente por la telomerasa.

El conocimiento de los elementos esenciales de un cromosoma ha permitido la creación de cromosomas artificiales, denominados YACs (del inglés *Yeast Artificial Chromosomes*, por haber sido fabricados a imitación de cromosomas de levaduras). Estas moléculas constituyen herramientas muy valiosas en investigación y han sido empleadas, entre otras cosas, para almacenar fragmentos de ADN humano que pueden ordenarse en bibliotecas de genes y servir de base para estudios genómicos.

c) qué información hay en los cromosomas

La mayor parte del ADN cromosómico no codifica para proteínas esenciales ni ARN. En otras palabras, cerca del 90% del ADN presente en el núcleo no realiza una función canónica que tenga que ver con su traducción a proteínas. Puede, sin embargo, resultar esencial para muchos otros procesos (recombinación, inserción de trasposones, potenciar transcripción,...), aunque una gran proporción de ADN aún no se conoce para qué sirve.

Las **zonas del ADN conservadas** por los mecanismos de evolución (zonas que son semejantes en organismos distintos) es muy probable que jueguen un **papel más relevante** en la supervivencia de la especie que aquellas zonas no conservadas. La comparación entre secuencias genómicas de organismos diferentes puede hacerse con varias herramientas bionformáticas, de entre las que destacan los algoritmos BLAST, creados por Stephen Altschultz a principios de los años 90.

1.3. El ADN cromosómico, ¿cómo se almacena?

Para su empaquetamiento en el núcleo, el ADN precisa de unas proteínas especiales: **las histonas**. Las histonas son las principales proteínas estructurales de los cromosomas eucariotas. Podemos destacar de ellas las siguientes **características**:

- **son muy abundantes**. Están sobreexpresadas con respecto al resto de proteínas de unión al ADN. Aproximadamente, en cada célula hay 60 millones de moléculas de histona de cada tipo. En cambio, sólo existen alrededor de 10000 proteínas de cada otro tipo. La masa de las histonas en el núcleo es prácticamente la misma que la del ADN.

- **están fuertemente unidas al ADN.** Un gran número de residuos de Arginina y Lisina (cargados positivamente) se disponen opuestos a las cargas negativas del esqueleto azúcar-fosfato del ADN. Los estudios recientes coinciden en afirmar que las histonas y el ADN no se disocian para casi nada en interfase. Así pues, éstas influyen en casi cualquier reacción del cromosoma.

- **son de varios tipos.** Por una parte, están las histonas que forman el nucleosoma (que se definirá más adelante), que son la H2A, H2B, H3 y H4. Por otra parte está la histona H1, que no está en los nucleosomas.

- **están muy conservadas evolutivamente**, lo que indica que casi todos sus aminoácidos desempeñan un papel importante.

El ADN se encuentra empaquetado en el núcleo, esto resulta vital para su función, y la unidad fundamental de empaquetamiento es el nucleosoma. Un nucleosoma está constituido por un octámero de histonas (4 pares de H2A, H2B, H3 y H4) y dos vueltas de ADN (83 pares de bases por vuelta). El ADN sobrante une nucleosomas adyacentes y se asocia con histonas del tipo H1.

Son precisamente estas histonas H1 unidas a la región entre nucleosomas las que se van a asociar entre sí para dar lugar a estructuras de empaqueamiento de orden superior (solenoide, bucles laterales, rosetones, espiral de rosetones y, finalmente, la cromátida) que se formarán cuando la célula salga de interfase y entre en división.

Hay zonas del ADN que son proclives a formar nucleosomas, mientras otras secuencias rechazan este tipo de enrollamientos. Tema este que da lugar a interesantes estudios de investigación reciente.

1.4. El ADN comosómico ¿Puede verse?

Los diferentes tipos de microscopía óptica y electrónica nos ofrecen imágenes del núcleo interfásico en las que se observan claramente zonas de mayor o menor densidad de material genético. **Es muy difícil observar**, mediante estas técnicas, los **cromosomas interfásicos**, principalmente porque no se encuentran claramente separados y condensados como en mitosis.

Existen, no obstante, **casos excepcionales** en los que los cromosomas interfásicos pueden observarse por microscopía. Un ejemplo son los **cromosomas plumulados de oocitos de anfibio**, que pueden permanecer durante meses o años hasta que el oocito elabora ARNm y otros materiales de reserva para el nuevo individuo. Otro ejemplo clásico son los **cromosomas politénicos de *Drosophila melanogaster*** (la mosca del vinagre). Están contenidos en unas células gigantes de las glándulas salivales de estos insectos. Estas células son especiales porque duplican su material genético miles de veces antes de dividirse y, curiosamente, todos los cromosomas homólogos se quedan juntos, con lo que pueden observarse (si se emplea una tinción tipo Giemsa) bandas claras y oscuras características de cada conjunto de homólogos.

1.5. El ADN comosómico ¿Cómo actúa?

El grado de actividad del ADN interfásico puede determinarse según la compactación de la cromatina. Ésta permanece más descondensada en las regiones que son transcripcionalmente activas.

Yendo más lejos, estudios recientes, en los que se aíslan fragmentos de cromatina en diferentes estados de condensación y se analizan las proteínas asociadas, señalan que la cromatina activa es bioquímicamente diferente de la cromatina condensada. Estas diferencias pueden resumirse en los siguientes puntos:
- H1 se une con menor fuerza a la cromatina activa
- Las histonas están más acetiladas en la cromatina activa
- H2B está menos fosforilada en cromatina activa
- Existen dos proteínas no-histónicas (HMG-14 y HMG-17) unidas sólo a cromatina activa y muy conservadas en la evolución

1.6. Otras actividades en el núcleo interfásico

Podemos citar, entre otros, una serie de procesos que tienen lugar en el núcleo interfásico y que no están inmediatamente relacionadas con la fibra de ADN:

- **Génesis y maduración del ARN**. En ambos procesos intervienen unas moléculas, denominadas ARNs de interferencia (ARN$_i$), que modulan la maduración de los fragmentos de ARN recién transcritos. Su papel es crucial de cara a determinar la composición proteica final de la célula y la velocidad de expresión génica.

- La **síntesis de** ARN de transferencia (**ARN$_t$**) y ARN ribosómico (**ARN$_r$**) se realiza a partir de unas regiones muy cercanas entre sí en el genoma.

- Existe una zona del núcleo que aparece más densa en la micrografías. Se denomina **nucleolo** y se trata de un compartimento muy organizado en el ue, entre otras acciones, se fabrican los ribosomas. 10 de los 46 cromosomas que contiene una célula somática humana contribuye en la formación de esta zona del núcleo.

- Los **complejos del poro nuclear** (en inglés, NPCs) son zonas altamente ordenadas en las que se regula el tráfico de todo tipo de sustancias entre el núcleo y el citoplasma. Las fibras de cromatina llegan sólo hasta cierta distancia de los NPCs, para evitar todo contacto del material genético con la zona citoplasmática durante la interfase.

2. EL NÚCLEO EN DIVISIÓN

2.1. Los cromosomas mitóticos

Como hemos señalado, en interfase los cromosomas son difícilmente visibles al microscopio. Sin embargo, durante la división celular se produce una condensación de los mismos (el grado de compactación conseguido es unas 10000 veces menor que al ADN desnudo) y son visibles bajo el microscopio óptico en la mayoría de las células. Esta condensación resulta necesaria para que el huso mitótico, un conjunto especial de microtúbulos, pueda dirigir la transferencia de información a las dos células hijas sin romper los cromosomas.

Resumiré este proceso de condensación señalando algunas de sus características más importantes:

- lleva asociados notables **cambios bioquímicos**. Por ejemplo, la histona H1 se fosforila en 5 serinas, hecho que resulta clave para la posterior agregación de cromosomas.

- tiene **varias fases**. Primero el ADN se empaqueta en **nucleosomas**, que seguidamente se asocian para formar unas estructuras más densas llamadas **fibras de 30nm**. Los estudios recientes confirman que este es el estado habitual del ADN en el núcleo interfásico. A partir de aquí, las fibra se pliega en forma de **bucles radiales** (que algunas veces aparecen también en interfase), que se asocian para formar, sucesivamente **rosetones, espirales de rosetones** y, finalmente, las **cromátidas** de cada cromosoma.

- los cromosomas adquieren una **morfología peculiar en forma de X**. Las dos moléculas de ADN fruto de la replicación (cromátidas hermanas) se disponen de forma adyacente y quedan unidas por el centrómero. Pueden distinguirse diversas morfologías cromosómicas de acuerdo a la posición relativa del centrómero y los brazos: metacéntrica (centrómero central, forma de X perfecta), submetacéntrica (centrómero ligeramente desplazado hacia un extremo) o telocéntrica (centrómero situado en un extremo, forma casi de V).

- cada cromosoma mitótico presenta un **patrón característico de dominios estructurales**. Esto puede manifestarse con algunos procedimientos de tinción. El cariotipo humano (conjunto de sus cromosomas mitóticos) consta de 22 pares de cromosomas, de amaño decreciente al aumentar el número del cromosoma, y una pareja de cromosomas sexuales (XX o XY). Una tinción con colorantes específicos para zonas ricas en AT da lugar a unas 2000 bandas que, a medida que avanza la mitosis, se solapan dejando un número final de 850 bandas (denominadas bandas G). En contraposición, quedan las bandas R (ricas en secuencias GC).

2.2. La replicación del cromosoma

Recomendamos explicar brevemente el mecanismo de replicación del ADN visto en el tema 25, pero añadiendo alguna de las siguientes ideas o curiosidades.

PUNTOS INTERESANTES PARA COMPLETAR LA EXPLICACIÓN VISTA EN T25

- **los orígenes de replicación** (puntos en los que puede iniciarse el proceso) **son secuencias especiales** que por sí solas confieren al cromosoma la capacidad de replicarse, de ahí su nombre de *Automously Replicating Sequences (ARS)*. En eucariotas se ha visto que estos orígenes de replicación están repartidos por el cromosoma **y actúan en grupos**, es decir, su activación/desactivación se produce de forma conjunta para varios de ellos, en respuesta a factores celulares.

- entre dos orígenes de replicación, todo el proceso de replicación tarda 1h. Sin embargo, en promedio la replicación completa de un genoma de mamífero tarda unas 8h. Esto indica que **no todos los orígenes de replicación se activan simultáneamente.** Curiosamente, las zonas que se replican más tarde coinciden con las bandas ricas en AT de los cromosomas metafásicos.

- existen **factores unidos a la cromatina** que **aseguran que cada región del cromosoma se replique una sola vez.** La base molecular de este bloqueo de la re-replicación es materia de estudios recientes.

- la **unión de nuevas histonas al ADN recién fabricado** se realiza a medida que éste va apareciendo tras la replicación. Curiosamente, estas histonas pueden ser tanto de origen materno como fabricadas a partir del ADN nuevo.

- muchos **estudios sobre replicación cromosómica** pueden realizarse gracias a un sistema bioquímico en el que se emplea el cromosoma de un virus que infecta simios (el **virus SV40**). Se trata de un genoma replicable por una célula eucariota aunque en estos experimentos sólo hay que añadir los factores bioquímicos necesarios para la replicación, no es necesaria la célula entera para que se replique. Así puede evaluarse la influencia de cada factor.

3. EL CICLO CELULAR

3.1. Cuestiones iniciales

3.1.1. ¿Por qué es necesaria la división celular?

Las células deben dividirse con el fin de reemplazar las células perdidas por desgaste mecánico, deterioro o muerte celular programada. Así, un organismo eucariota (por ejemplo, un ser humano adulto) debe producir millones de células cada segundo para preservar su "statu quo".

3.1.2. ¿Qué es necesario que ocurra en el ciclo celular?

Dos cosas fundamentalmente:

- que se dupliquen fielmente los cromosomas y se envíen a las células hijas sin error

- que se dupliquen el número de orgánulos citoplasmáticos y se repartan entre las células hijas

3.1.3. ¿Son muy diferentes los ciclos celulares de eucariotas distintos?

La respuesta a esta cuestión refleja cómo nuestro conocimiento sobre los ritmos y los modos de división de las células ha variado mucho durante los últimos años.

Inicialmente, el ciclo celular se estudiaba observando los pasos de la segregación cromosómica al nivel permitido por la microscopía óptica. También existían estudios en los que se seguía la progresión de la replicación del ADN mediante precursores radiactivos. En resumen, el centro de atención lo constituían los cromosomas. Según este modo de estudio, se detectaban enormes diferencias entre organismos eucariotas.

En el presente, se hace mayor hincapié en el sistema molecular de regulación del ciclo celular, un conjunto de factores proteicos que coordina los ritmos del ciclo en su totalidad. Si bien las diferencias morfológicas en cuanto a la segregación cromosómica se detectan igual, los mecanismos de control revelan una grandísima similitud entre todos organismos eucariotas.

3.2. Funcionamiento general del ciclo celular

La **duración del proceso de división celular varía enormemente** dependiendo del tipo celular. Algunas células embrionarias pueden dividirse cada 8 minutos, mientras que se han detectado velocidades de división de hepatocitos humanos superiores a 1 año. Junto a ello, cabe señalar que la tasa de duplicación de muchos tipos de neuronas es prácticamente nula.

El ciclo celular consta de **4 fases** claramente diferenciadas:

- **Fase S**, en ella se produce la duplicación del material genético. La cromatina está parcialmente descondensada. En esta fase también se duplican los dos centríolos de cada centrosoma.

- **Fase G_2,** (del ingles GAP-2, hueco-2) en ella se producen ciertas proteínas necesarias para la fase de división de la célula. La cromatina empieza a condensarse.

- **Fase M**, los cromosomas y el citoplasma se dividen equitativamente entre las dos células hijas. La segregación cromosómica se denomina mitosis y la fase final (división del citoplasma por acción del citoesqueleto de actina) se denomina citocinesis.

- **Fase G_1,** (del inglés GAP-2, hueco-2) es la fase que atraviesa cada célula hija justo después de la división y en ella se sintetizan un gran número de proteínas que ayudarán al crecimiento celular. Tras esta etapa, vuelve a reanudarse el ciclo en fase S.

Clásicamente se distingue una **fase G_0** o fase de reposo, que empezaría y acabaría dentro de la fase G_1 y cuya duración es muy variable. La nomenclatura es confusa, ya que no se refiere a que se detenga la actividad celular. Las células en este estado pueden ser muy activas. Sería más propio hablar de fase de diferenciación celular, porque es cuando las células presentan casi la totalidad de su metabolismo dedicado a sus funciones específicas (p.e. neuronas dedicadas a la transmisión de impulsos nerviosos, células gliales desarrollando actividad secretora, eritrocitos fabricando hemoglobina,...) La fase G_0 constituye, podríamos decir, el estado funcional de la mayoría de tipos celulares.

3.3. Control del ciclo celular

La maquinaria bioquímica implicada en el control de la velocidad de cada fase del ciclo celular es una de las piezas más cruciales para el correcto funcionamiento de los organismos vivos. El desarrollo embrionario de éstos y su posterior crecimiento debe realizarse bajo una adecuada disciplina de velocidades de división celular. Una tasa mayor de lo normal puede derivar en procesos tumorales y un ritmo demasiado lento dará lugar a desarrollos incompletos. Es por ello que el control del ciclo celular es uno de los temas a los que más atención dedica la investigación actual en biología molecular.

El sistema de control del ciclo no funciona a modo de un reloj que indica señales bioquímicas según tiempos fijos. Podríamos decir que el sistema se plantea ciertas cuestiones sobre el estado de la célula en momentos críticos del ciclo, evalúa la respuesta y dirige el flujo del ciclo en consecuencia. Los puntos de control son los siguientes:

- **punto de control G$_1$** (también llamado punto R), casi al final de la fase G$_1$ el sistema de control se pregunta: "¿es la célula bastante grande como para dar lugar a dos células hijas? ¿es favorable el entorno en cuanto al aporte de recursos materiales? ¿existe algún daño importante en el ADN?". Según la respuesta, la célula entra o no en fase S.

- **punto de control G$_2$**, al final de la fase G$_2$ el controlador pregunta: "¿está todo el ADN replicado?" y si es esto cierto además de seguirse cumpliendo los requerimientos del control anterior, la célula entra en fase M.

- **punto de control M**, la pregunta precisa que se hace el sistema a mitad de la fase M es: "¿están todos los cromosomas alineados en la placa metafísica?". Si ello es cierto, se concluye la división celular y se vuelve a fase G$_1$.

La base bioquímica de estos mecanismos de control viene desarrollada principalmente por unas proteínas denominadas quinasas dependientes de ciclina (conocidas como CDKs, de *Cicline Dependent Kinases*). La concentración de las CDKs se mantiene constante (al menos en los ciclos celulares más simples) pero su actividad se potencia o se inhibe gracias a una serie de proteínas moduladoras. Las más frecuentes son las ciclinas (denominadas así porque experimentan variaciones cíclicas de concentración).

Las CDKs sólo son activas si están unidas a una ciclina determinada. Esta ciclina no sólo activa la CDK sino que la dirige para que se pueda unir a sus sustratos específicos y fosforilarlos, iniciando así múltiples cadenas de trasducción de señal.

Existen muchas combinaciones de ciclinas-CDK, cada una de ellas asociada a una señal concreta dentro del ciclo celular. Como la variedad es muy extensa y la nomenclatura variable según el tipo de organismo, me centraré, a modo de ejemplo, en los complejos ciclina-CDK que regulan el ciclo celular en vertebrados.

- complejos de ciclina formados a mitad de la fase G_1 (permiten que la célula complete esta fase) → la ciclina D (que en mamíferos puede ser D1, D2 o D3) unida a CDK4 o a CDK6.

- complejos del punto de control G_1 (al formarse promueven la entrada de la célula en fase S) → la ciclina E unida a CDK2.

- complejos formados en fase S (es necesaria su formación para que progrese la replicación del ADN) → complejos ciclina A / CDK2

- complejos de los puntos de control G2 y M (son necesarios para ciertos eventos dentro de la mitosis) → complejos ciclina B / CDK1

Junto a estas combinaciones posibles, cabe señalar que un mismo complejo ciclina/CDK puede activar sustratos distintos dependiendo de la fase del ciclo celular. En determinadas momentos, aunque el complejo esté activo, los sustratos pueden no estar disponibles.

4. DIVISIÓN CELULAR: MITOSIS

Para que una célula dé lugar a dos células hijas con idéntica información genética a ella misma, es necesario que se produzca una duplicación y división del núcleo celular (mitosis) y una división del citoplasma (citocinesis). Ambos procesos constituyen la división celular, que contribuye al crecimiento y diferenciación de los tejidos, en organismos pluricelulares y puede ser cosiderada una forma de reproducción asexual en seres unicelulares.

Distinguiremos **cinco etapas** en el estudio de la división celular, las cuatro primeras corresponden a la mitosis y la última es la fragmentación citoplasmática:

Profase. Se caracteriza porque...
- Los cromosomas, ya duplicados en la fase S, pierden su organización laxa propia del núcleo interfásico y empiezan a condensarse.
- El nucleolo deja de ser visible.
- Los microtúbulos citoplasmáticos polimerizan formando el huso mitótico. Éste se organiza entre dos pares de centriolos (en células animales) o entre dos centros organizadores de microtúbulos –MOCs- (en células vegetales)
- La doble membrana nuclear se fragmenta en pequeñas vesículas liberando el acceso de los cromosomas al citoplasma.

Metafase. Se caracteriza porque...
- El grado de condensación de los cromosomas es máximo.
- Los cromosomas se sitúan en el centro del citoplasma (placa metafásica)
- En el huso mitótico se distinguen tres tipos de microtúbulos: cinetocóricos (unidos a los centrómeros, hay entre 15 y 40 por centrómero), polares (unen los centriolos de ambos extremos. Si en su recorrido logran unirse a los cinetocoros, se transforman en microtúbulos del tipo anterior) y astrales (dirigidos a otras zonas de la célula).

Anafase. Se caracteriza porque...
- De cada cromosoma una de las cromátidas hermanas se va hacia un polo de la célula, y la otra hacia el polo opuesto. Esto se produce por efecto de la despolimerización de los microtúbulos cinetocóricos por su extremo más (+) y el alargamiento de los microtúbulos polares. En este proceso, los microtúbulos astrales colaboran atrayendo a los centriolos hacia el polo de la célula.

Telofase. Se caracteriza porque

- Ambos conjuntos de cromátidas alcanzan los polos de la célula. Las cromátidas empiezan a descondensarse. Se forma de nuevo la doble membrana nuclear.

Citocinesis. Consiste en la división aproximadamente equitativa de los contenidos del citoplasma entre las dos células hijas. Su mecanismo concreto varía según se trate de células animales o vegetales.

- en células animales unos componentes del citoesqueleto (actina y miosina) forman un anillo en la posición ecuatorial de la célula. La contracción mecánica de este anillo provoca la división citoplasmática.
- en células vegetales se produce, en la placa ecuatorial, una fusión de vesículas del aparato de Golgi cargadas de material para la formación de la pared de celulosa. Al juntarse, forman un tabique rígido denominado fragmoplasto, que divide la célula, permitiendo la comunicación entre citoplasmas a través de unos poros denominados plasmodesmos.

5. MEIOSIS

El proceso de interfase que precede a a meiosis es exactamente idéntico al previo a la mitosis. Se produce la duplicación de centriolos y cromátidas. No obstante, a partir de aquí, son dos las divisiones celulares que ocurren, dando lugar, al final del proceso, a 4 células hijas con una dotación genética que es la mitad de la dotación original.

Las células formadas (denominadas *germinales*) pueden unirse a células con el mismo número de cromosomas y producir una nueva célula con el doble de material genético. Se trata del proceso de fecundación que es la base de la reproducción sexual y de su potencial para generar variabilidad genética.

Cada una de las dos divisiones meióticas consta de cinco fases, muy similares a las observadas en la mitosis, las denominaremos con la terminación I o II según correspondan a la primera o segunda división.

Profase I.

- es la etapa más larga, pudiendo durar meses
- en ella se dan los eventos más característicos de la meiosis, entre ellos, el apareamiento entre cromosomas duplicados, la unión de los cromosomas homólogos (formando el complejo sinaptonémico) y el inicio de la recombinación genética
- clásicamente se diferencian 5 etapas en la profase I –leptoteno, zigoteno, paquiteno, diploteno y diacinesis-, definidas según cambios morfológicos en los cromosomas observables por microscopía óptica
    o Leptoteno. Los cromosomas se hacen ligeramente invisibles. Se inicia la asociación entre cromosomas homólogos. Los cromosomas permanecen unidos por su extremo a la membrana nuclear.
    o Cigoteno. La complementariedad entre cromosomas homólogos empieza a realizarse muy detalladamente. A este proceso, denominado sinapsis, ayuda la formación de una estructura protéica llamada complejo sinaptonémico.
    o Paquiteno. Los cromosomas homólogos están totalmente unidos. A partir de aquí, se produce el intercambio de fragmentos cromatídicos entre las cromátidas no hermanas de cada par de cromosomas homólogos (paterno y materno). A nivel molecular este proceso se conoce como recombinación genética.
    o Diploteno. Desaparecen los complejos sinaptonémicos y se empieza a separar cada par de cromosomas homólogos, quedando únicamente unidos por aquellos puntos en los que ha

tenido lugar la recombinación (quiasmas). Los cromosomas quedan en forma de tétradas.

o Diacinesis. Es el paso final. En este momento se observan muy claramente las tétradas y se observa cómo las cromátidas hermanas están unidas por los centrómeros mientras las no hermanas se enlazan por los quiasmas. La membrana nuclear se disgrega al final de este paso y comienza a formarse un huso acromático.

Metafase I.

- Las tétradas se sitúan en el plano ecuatorial y se rompen a la altura de los quiasmas quedando como resultado dos parejas de cromátidas hermanas. Un miembro de cada pareja ha intercambiado su fragmento cromatínico distal con un miembro de la pareja contraria.

Anafase I.

- Desde la placa ecuatorial, cada pareja de cromátidas se dirige al polo de la célula.

Telofase I.

- Los cromosomas se descondensan parcialmente. Se regeneran la membrana nuclear y el nucleolo y se producen dos células hijas mediante citocinesis.

Interfase meiótica.

- La ausencia de síntesis de ADN en este proceso de interfase es la explicación de que las células producidas en la segunda división meiótica tengan la mitad de dotación genética

Profase II.

- Desaparece la membrana nuclear, se recondensan los cromosomas y se vuelven a formar los husos.

Metafase II.

- Los cromosomas se disponen ordenadamente en el ecuador de cada célula.

Anafase II.

- Cada cromátida empieza a emigrar hacia un polo de la célula. Si en este momento el número de cromosomas que van hacia un polo no es igual al de los que van al polo opuesto, se producirán células germinales con anomalías en el número de cromosomas (fenómeno conocido como aneuploidía, que está en la base de fenómenos como el síndrome de Down, síndrome de Turner, etc.)

6. CONCLUSIÓN

La complejidad de los sistemas vivos tal y como la conocemos ahora, muy probablemente estaría cuantitativamente en una nivel muy inferior si, en un momento de su historia, el material genético no hubiese sido, por algún mecanismo, almacenado en un compartimento particular.

Explicar las características estructurales de este compartimento, su fluctuación temporal y entretenerme en los dos procesos más estudiados de su funcionamiento, han sido los objetivos que he perseguido con esta exposición.

Bibliografía útil:

ALBERTS, B. y otros. (2004) "Biología molecular de la célula", 4ªed, Ed. Omega.

BECKER, W.H. (2007) "El mundo de la célula", Ed. Adison-Wesley

KARP, G. y GEER P.vD. (2005) "Biología celular y molecular: conceptos y experimentos" Ed. McGraw Hill.

LAU, N.C. y BARTEL, D.P. (2003) "Interferencia de ARN", Investigación y Ciencia, 325

LODISH, H. y otros. (2005) "Biología celular y molecular", Ed Panamericana

PANIAGUA, R. y otros (2007) "Biología celular", Ed. Mc Graw-Hill

PARDO, M. (2005) "Citoquinesis en células eucariotas", Investigación y Ciencia, 346

STRYER, L.; BERG, J. M. y TYMOCZKO, T. (2003) "Bioquímica". 5ª edición. Ed. Reverté. Barcelona.

VOET, D. y otros (2007) "Fundamentos de bioquímica: la vida a nivel molecular", Ed. Panamericana

TEMA 30

NIVELES DE ORGANIZACIÓN DE LOS
SERES VIVOS. LA DIFERENCIACIÓN
CELULAR. TEJIDOS ANIMALES Y
VEGETALES.

0. INTRODUCCIÓN

La organización de la materia contenida en los seres vivos, puede estudiarse a diferentes niveles. Cada uno de ello permite definir una ordenación y, de algún modo, clasificar a los seres vivos según este orden.

Un nivel de estructuración que unifica prácticamente toda la materia viva (si excluimos virus, viroides y priones) es el nivel celular. La célula es la unidad fundamental de la vida y, a la vez, uno de sus niveles de estructuración más diversos. Durante su desarrollo, la célula va quedando diferenciada y, en cierta forma, determinada para resultar eficiente en una determinada tarea.

El conjunto de células especializadas, trabajando conjuntamente en una tarea, se denomina tejido. Existen muchos tipos de tejidos, que articulan el funcionamiento de los niveles superiores (órganos, individuos,..).

Así pues, en esta exposición trataré de explicar esta ordenación material de los sistemas vivos. Lo haré siguiendo el siguiente orden... (es muy conveniente exponer con claridad el orden que se va a seguir, leer el índice de una forma ágil)

1

1. NIVELES DE ORGANIZACIÓN EN LOS SERES VIVOS

1.1. Niveles de ordenación de la materia

Los constituyentes materiales de los seres vivos se organizan de modo jerárquico (cada nivel de organización contiene a los niveles inferiores y está contenido por los niveles superiores).

Yendo desde los niveles básicos a los generales:

> Soy consciente de que la primera parte de este apartado está extraída del tema 22. Se debe a una duplicación en el temario. Según mi criterio, es un aspecto que corresponde más a este tema 30, pero puede venir bien hacer mención a él de forma breve en el 22.

- **nivel subatómico** → se trata de las partículas que componen los átomos: protones, electrones y neutrones. Estos protones y neutrones están formados a su vez por quarks. Así, un protón está formado por dos quarks *up* y un quark *down*. Existen muchos otros tipos de partículas (como los *gluones*, que mantienen unidos los quarks entre sí), pero sólo son observables mediante técnicas como, por ejemplo, la introducción de la materia en aceleradores de partículas.

- **nivel atómico** → las partículas subatómicas se agrupan formando átomos. Existen poco más de un centenar de tipos de átomos, clasificados en la tabla periódica. De ellos, no todos forman parte de la materia viva. Los mayoritarios son C, H, O y N, y muchos otros contribuyen también al funcionamiento de los sistemas vivos. Una descripción más detallada se encuentra en el tema 23 de este temario.

- **nivel molecular** → este nivel refleja las agrupaciones atómicas o moléculas. Los átomos, en la materia viva, pueden agruparse para formar moléculas inorgánicas (como las sales minerales o el agua) y moléculas orgánicas (que normalmente se clasifican en cuatro grupos: glúcidos, lípidos, proteínas y ácidos nucleicos)

- **nivel supramolecular inmediato** → las biomoléculas se organizan para formar estructuras diversas de orden superior. Podríamos definir una gran variedad de ellas. Por ejemplo,
  - orgánulos intracelulares
  - componentes intracelulares no organulares (por ejemplo fibras del citoesqueleto, ribosomas...)

- componentes extracelulares (fibras de colágeno, sales de la matriz ósea,...)

- **nivel celular** → las agrupaciones de moléculas que hemos visto anteriormente se ordenan formando una célula, que, como se ha visto, es la unidad básica de los seres vivos

- **nivel de tejido** → las células forman asociaciones con cierta autonomía funcional y un patrón estructural característico (existen tejidos epiteliales, nerviosos, óseos, epiteliales,...)

- **nivel de órgano** → los tejidos se estructuran formando unidades con un mayor grado de autonomía funcional (en este nivel encontramos órganos como el hígado, el tiroides, el cerebelo,...)

- **nivel de sistema** → algunos manuales señalan este nivel de estructuración. No lo considero imprescindible, dado que no añade mucho conceptualmente al nivel de órgano. Un sistema sería una agrupación de órganos con una función definida, por ejemplo, la función digestiva estaría desarrollada por el sistema digestivo. No obstante, los órganos que se citan normalmente en este sistema no son los únicos que intervienen en la función digestiva, pues también se ve afectada por la actividad nerviosa, la temperatura de la piel, la tensión arterial, el tono muscular, las secreciones suprarrenales,... Por otro lado, un órgano no puede asignarse unívocamente a un sistema, dado que muchos de ellos afectan a diversos procesos.

- **nivel de individuo** → es un conjunto armónico de órganos con completa autonomía (sin olvidar que precisará o se verá afectado por otros individuos y el ambiente) a nivel de las funciones de reproducción, nutrición y relación.

A partir de aquí pueden establecerse una serie de **niveles supraindividuales** (grupo, comunidad, ecosistema) para llegar al nivel máximo de estructuración viva, que correspondería a la biosfera.

1.2. Patrones generales de organización en plantas

El nivel de organización más simple está ocupado por las **protofitas**. Se trata de organismos unicelulares, con capacidad fotosintética, que no forman colonias (aunque a veces, fruto de divisiones sucesivas, se puedan ver agrupadas en matrices mucilaginosas). Dentro del esquema clasificatorio de los 5 reinos, estarían en los protistas. Algunos ejemplos son las algas del género *Porphyra*, *Macrocystis* o *Ulva*.

El primer modelo estructural pluricelular que podemos definir en vegetales es el **talo**. Está constituido por células poco especializadas, que conservan un alto grado de autonomía funcional. No presenta las estructuras básicas de los vegetales superiores (raíz, tallo, y hojas) sino ciertas zonas que, por semejanza estructural y funcional, pueden recordar ligeramente a las anteriores: se denominan rizoide, cauloide y filoide. Pertenecen a este modelo estructural la mayoría de briófitos, y se les denomina vegetales talófitos.

Un patrón estructural más complejo es el nivel de **cormo**. En él las células forman los tejidos verdaderos, con funciones específicas, típicos de una planta superior. En este nivel de organización encontramos a los pteridófitos y a las plantas superiores.

1.3. Patrones generales de organización en animales

El nivel de organización más simple es el unicelular. En él encontramos los protozoos (organismos que han desarrollado una autonomía y capacidad de adaptación a su entorno extraordinaria, pero cuya forma de vida es típicamente unicelular).

En el grupo de los pluricelulares, encontramos...

- los mesozoos → no presentan hojas embrionarias, ni tejidos, ni órganos. Son ejemplos los poríferos.

- los eumetazoos → presentan hojas embrionarias, verdaderos tejidos y una cavidad gástrica abierta al exterior por la boca.

Entre los metazoos, distinguimos...

- diblásticos → presentan generalmente simetría radial en estado adulto, pero su característica principal es que sus tejidos provienen únicamente de dos hojas embrionarias (endodermo y mesodermo)

- triblásticos → sus tejidos provienen de tres hojas embrionarias (ectodermo, endodermo y mesodermo)

Entre los triblásticos, el mesodermo se forma por migración de las células del endodermo, que migran desde una zona cercana al blastoporo, hacia el blastocele. Según sea el resultado de este proceso. Tenemos animales...

- acelomados → Las células del mesodermo forman una estructura compacta, que llena el blastocele dejando el sistema digestivo como única cavidad del cuerpo. En este modo deorganización estarían
  - o los nemertinos, que tienen un tubo digestivo completo con 2 aberturas y sistema circulatorio desarrollado.
  - o los platelmintos, con un sistema digestivo ciego y ausencia de sistema circulatorio

- pseudocelomados → el blastocele queda en forma de cavidad, revestida por el mesodermo sólo en su cara más exterior. Pertenecen a este grupo los filums lofotrocozoos y ecdisozoos

- eucelomados → se ha formado un celoma verdadero (blastocele tapizado completamente por células mesodérmicas)

Dentro del grupo de los eucelomados, dependiendo de cómo se haya originado este celoma tendremos los...

- esquizocelomados → celoma formado por ahuecamiento de bandas mesodérmicas. Estos organismos, en su desarrollo embrionario, presentan una segmentación espiral. Pertenecen a este grupo los artrópodos, los anélidos y los moluscos.

- enterocelomados → su celoma deriva de sacos mesodérmico. Presentan segmentación radial en su desarrollo embrionario. En este grupo encontramos a los equinodermos y a los cordados.

2. DETERMINACIÓN Y DIFERENCIACIÓN CELULAR

Desde un punto de vista teórico, en el momento que una célula surge en los procesos de desarrollo, no está irreversiblemente determinada para ninguna especialización concreta.

Ahora bien, el entorno que esta célula se encuentra, los gradientes moleculares establecidos en el espacio extracelular antes de que surgiera, las mismas señales citoplasmáticas de la célula de la que procede, ejercen una influencia crucial en ella, forzándola a seguir un programa de desarrollo muy determinado.

Se conocen incluso mecanismos por los que, al transmitir el material genético a las células hijas, se mantiene el nivel de represión/activación de ciertos genes idénticamente a como estaba funcionando en la célula de origen. Es decir, de alguna forma, al copiar el genoma, muchos factores proteicos se unen a la hebra sintetizada en el lugar exacto en que estaban en la original (algunos factores potenciadores/represores de transcripción, algunos factores que modulan el grado de empaquetamiento de la cromatina, etc...)

En definitiva, una célula en un tejido adulto está especializada para hacer ciertas tareas, mientras otras traeas, aunque posee la información genética para hacerlas, le resultarán más costosas e incluso imposibles.

La determinación celular va algunas veces acompañada de recortes en el genoma. Esto sucede, por ejemplo, en la maduración de los genes responsables de producir anticuerpos en linfocitos B o receptores de linfocitos T. Es decir, los linfocitos maduros han sufrido recortes en su genoma, para poder fabricar anticuerpos con elevada especificidad. Han perdido fragmentos que nunca podrán recuprerar.

Recientemente se están desarrollando tecnologías con fines terapéuticos que emplean células madre. Se trata de células que no han adquirido un estado de especialización muy elevado y pueden, bajo el tratamiento correcto, ser redirigidas hacia otros tipos celulares. La potencialidad en regeneración de tejidos dañados, etc. es evidente, si bien es necesaria aún una depuración considerable de la técnica, así como una reflexión ética para que la expectación ante la nueva terapia no la haga precipitarse y pasar por encima de derechos fundamentales de las personas, siendo por tanto mucho menos eficaz.

3. TEJIDOS ANIMALES

3.1. Tejido epitelial

Un tejido epitelial es aquel que cumple las siguientes características

- el espacio entre sus células es muy pequeño (20-30nm)
- no suele presentar vasos sanguíneos (salvo en los epitelios glandulares)
- descansa sobre la lámina basal (matriz extracelular rica en laminina, de enorme importancia en los procesos de regeneración de heridas, transporte selectivo de sustancias,...)
- presenta polaridad espacial, incluso a nivel de distribución de receptores en membrana, distribución de metabolitos en citosol,...

Puede originarse a partir de las tres hojas embrionarias.

- el endodermo genera toda la piel (incluyendo sus glándulas) y la cornea
- el mesodermo genera los epitelios que tapizan los glomérulos y resto de túbulos renales, el aparato reproductor (y sus glándulas) y los vasos sanguíneos, así como el pericardio y la pleura pulmonar.
- a partir del endodermo se originan los epitelios que tapizan el tubo digestivo y respiratorio (y todas sus glándulas)

En cuanto a su ubicación y estructura, suele hacerse una distinción entre epitelios glandulares y de revestimiento.

Los primeros serían aquellos que tapizan las glándulas del cuerpo, que suelen tener forma de cavidad ciega. Los epitelios que las tapizan presentan polaridad de forma que puedan verter la secreción en el centro de la glándula. El aspecto de las células al microscopio permite ver un gran desarrollo del sistema de endomembranas. A diferencia de los tejidos de revestimiento típicos, los epitelios glandulares presentan vascularización y fibras nerviosas del sistema nervioso autónomo.

Comentaré ahora con algo más de extensión la localización de los epitelios de revestimiento. Se suelen clasificar según su morfología en simples (1 única capa de células) y estratificados (varias capas), pudiendo ser también planos, cúbicos o prismáticos según la morfología celular predominante. Algunos manuales hacen distinción entre células cúbicas y rectangulares. No obstante, en la práctica la diferencia entre ambas es una cuestión muchas veces subjetiva, por lo que englobaré a ambos bajo el nombre de prismáticos.

3.1.1. Epitelios simples

En las zonas adaptadas a un transporte de sustancias encontramos células planas (alveolos pulmonares, endotelios de vasos sanguíneos, pleura...)

En algunas glándulas (tiroides, salivales), en túbulos internos de riñón, y en algunas zonas del útero y ano, podemos encontrar epitelios simples prismáticos. No obstante, el ejemplo más común es el epitelio intestinal, con las típicas microvellosidades de los enterocitos que aumentan enormemente la superficie de absorción.

3.1.2. Epitelios pseudoestratificados

Pese a presentar una sola capa de células, la posición de los núcleos aparenta una estructura estratificada. Es el epitelio típico de la tráquea, en el que abundan también las células caliciformes y las células ciliares.

3.1.3. Epitelios estratificados

Tapizando la cavidad bucal, el esófago y la vagina se encuentran epitelios de este tipo con células mayoritariamente planas. La epidermis también estaría dentro de este grupo pero suele separarse por su consistencia queratinizada.

Los epitelios prismáticos de varias capas no son tan comunes como podría pensarse a priori, un ejemplo es el epitelio que recubre la epiglotis.

3.1.4. Algunos epitelios especiales

En los testículos tenemos el epitelio seminífero, donde se suceden las espermatogonias, los espermatocitos de primer y segundo orden, las espermátidas y los espermatozoides, en una secuencia polarizada hacia el interior del órgano. Entre estas células encontramos otras como las de Sertoli, que no pertenecen a la línea germinal.

También presentan epitelios especiales algunos receptores sensoriales como los del gusto o el olfato (neuroepitelio), la placenta (epitelio sincitial), la retina, el epitelio que forma el iris (mioepitelio),...

3.2. Tejido conjuntivo

Suele clasificarse, junto con el tejido cartilaginoso y el óseo, dentro de un gran grupo denominado "tejido conectivo", en referencia a que rellenan los espacios que conectan diferentes órganos. Haciendo mención a ello, voy a tratarlos por separado.

Los diferentes tipos de tejido conjuntivo se clasifican en base a la abundancia relativa de tres componentes principales: las células, las fibras proteicas o la matriz extracelular laxa (compuesta de proteoglicanos y otras sustancias de consistencia gelatinosa).

Las células características del tejido conjuntivo son las de la serie fibroblastos → fibrocitos → fibroclastos (según su estado de maduración). Es frecuente encontrar células más especiales como los adipocitos, peculiares de tejidos conjuntivos concretos, o células del sistema inmunitario propias de la sangre.

3.2.1. Tejido conjuntivo laxo

En él están igualmente representados los 3 componentes. Es el tejido más abundante del cuerpo, o, por decirlo así, el nombre que recibe todo tejido de naturaleza conjuntiva que no presenta características morfológicas peculiares.

3.2.2. Tejido conjuntivo mucoso

En él abunda la matriz extracelular laxa. Es el tejido que encontramos debajo de la piel de los neonatos, en el cordón umbilical o, por ejemplo, en la cresta de los gallos, en la piel sexual de chimpancés).

3.2.3. Tejido conjuntivo denso

En él predominan las fibras proteicas. Pueden ser tejidos ricos en colágeno, como la dermis o los tendones (curiosamente, ambos no difieren excesivamente en la cantidad de colágeno sino en su ordenación estructural, que en la dermis es inexistente, de ahí su menor consistencia). Pueden ser tejidos ricos en elastina (como el tejido elástico de los pulmones o de las grandes arterias, o el que compone los ligamentos).

Finalmente, está el tejido conjuntivo rico en fibras reticulares. Las fibras reticulares (en realidad no son más que fibras de colágeno tipo III con alguna modificación glucídica, pero han adoptado un nombre diferente en muchos textos de histología). Este es el tejido típico que da consistencia a los órganos hematopoyéticos (médula ósea roja, bazo, timo,...)

3.2.4. Tejido conjuntivo rico en células

El ejemplo más claro es el tejido adiposo. Encontramos este tejido en casi todas las partes del cuerpo excepto en pulmones, párpados y pene.

Existen dos tipos de tejido adiposo:

- **tejido adiposo blanco** → de color blanco-amarillo, es el lugar donde se acumulan los triacilgliceroles, en unas vesículas o vacuolas especiales, que brillan al microscopio óptico.

- **tejido adiposo marrón** → de color rojo-marrón, es un tejido que presenta un elevado número de mitocondrias y muy irrigado (de ahí su color). Estas mitocondrias son especiales en el sentido de que, en la membrana mitocondrial interna, la ATPsintasa es sustituida por la termogenina, proteína que permite el retorno de los protones del espacio intermembrana, aprovechando su flujo para generar calor. Este tejido es especialmente abundante en personas en el estado embrionario, luego queda recluido a axilas y nuca. En animales que hibernan tiene gran importancia.

3.3. Tejido cartilaginoso

Sus células se nombran según la serie condroblastos → condrocitos → condroclastos.

Los tipos vuelven a reflejar la composición.

3.3.1. Cartílago hialino

Presenta poca cantidad de fibras colágenas. Es el esqueleto del embrión de animales óseos y del esqueleto adulto de condríctios. En algunas zonas del cuerpo humano adulto persiste: discos de la tráquea, nariz, extremo de las costillas, bronquios y paredes de la laringe.

3.3.2. Cartílago articular

Contiene algo más de fibras colágenas, que emplea para adherirse mejor a la superficie ósea. Lo encontramos en la superficie articular de los huesos. Se nutre del líquido sinovial.

3.3.3. Cartílago elástico

Contiene gran cantidad de fibras de colágeno y elásticas. Se trata de un cartílago incapaz de regenerarse y nunca se osifica en adultos. Lo encontramos en la trompa de Eustaquio, la epiglotis, el pabellón de la oreja y las paredes del conducto auditivo externo.

3.3.4. Cartílago fibroso

Es un tejido intermedio entre el hialino y el elástico. Es típico de los discos intervertebrales, los lugares de inserción de los tendones y el pabellón auditivo de roedores y quirópteros.

3.4. Tejido óseo

Sus células se nombran según la serie osteoblastos → ostecitos → osteoclastos, según el estado de maduración, lo que repercute en su fisiología. Los osteocitos, de forma estrellada, son los más abundantes y se localizan en pequeñas cavidades de la matriz ósea denominadas lagunas óseas.

La matriz extracelular está compuesta de osteína (una proteína que confiere cierto carácter elástico) y fosfato y carbonato de calcio (que proporcionan la dureza).

La disposición general de la matriz extracelular es en forma de láminas concéntricas, alrededor de un conducto denominado conducto de Havers. Cada uno de estos conductos, junto con el cilindro de matriz que lo rodea, se denomina osteona. Los conductos de Havers, que albergan vasos sanguíneos, se comunican entre sí mediante cavidades perpendiculares (conductos de Wolkman). El conjunto es alimentado desde el exterior a través del conducto nutricio.

El conjunto de osteonas, rodeado de una capa externa denominada periostio, forma el hueso.

El tejido óseo que he descrito recibe el nombre de tejido óseo laminar. Existe un tipo de tejido óseo (el plexiforme) de aspecto más desordenado, que encontramos en zonas de hueso cercanas a la inserción de tendones.

3.5. Tejido sanguíneo

La diversidad de células y componentes de la sangre están tratados en el tema dedicado al medio interno (ver apartado correspondiente en tema 55).

3.6. Tejido nervioso

Ver apartado correspondiente del tema 57.

3.7. Tejido muscular

La denominación "tejido muscular" se aplica a varios tejidos, todos ellos especializados en la contracción, pero muy diferentes entre sí en muchos otros aspectos.

Por ejemplo, aunque el sistema contráctil actina-miosina se mantiene en todos ellos, difiere en...
- la secuencia de aminoácidos tanto de actina como de miosina (hay pequeñas variaciones)
- la distribución intracelular de ambas proteínas
- las proteínas accesorias que controlan la contracción

3.7.1. Tejido muscular esquelético

Es el responsable de casi todos los movimientos voluntarios. Sus células pueden ser muy grandes (entre 2-3 cm de largo y 100µm de ancho). Cada una de ellas es un sincitio (un conjunto de núcleos que comparten un citoplasma común), fenómeno que no ocurre en el resto de tejidos musculares.

Presenta una morfología estriada, o en bandas oscuras y claras. Cada unidad de esta estructura general se denomina sarcómero, y morfológicamente muestra una banda oscura central (con la porción central algo más clara y la línea M, de nuevo muy oscura, en el medio), dos bandas claras laterales y dos líneas oscuras laterales (discos Z). Evidentemente, al observar dos sarcómeros contiguos, las bandas claras duplican su grosor y presentan una línea oscura central, que es el disco Z, compartido por ambos sarcómeros.

Entre otras, en el disco Z tenemos la proteína CapZ, a la que se unen los filamentos de actina que salen perpendiculares al disco y paralelos entre sí. En su extremo terminal presentan, a modo de protección, una molécula de tropomodulina, que evita la despolimerización de la actina. Entre las fibras de actina se sitúan las de miosina, aparentemente centrales y sin conexión con los discos Z. En realidad, están unidos a ellos mediante una proteína denominada titina, que se ancla en el disco Z también gracias a CapZ.

Mirados en un corte transversal, los sarcómeros tienen el aspecto de una serie de manchas gruesas distribuidas muy ordenadamente (las fibras de miosina). Cada una de ellas está rodeada de 6 manchas más delgadas, que forman un hexámero regular a su alrededor. Son las fibras de actina.

3.7.2. Tejido muscular cardiaco

Se trata de una musculatura muy sutil y muy importante. Corresponde al tipo de tejido que conforma el miocardio. Presenta un aspecto muy estriado, pero no tiene estructura sincitial. Su contracción es involuntaria y rítmica, siendo uno de los primeros tejidos activos del cuerpo (formado pocos días después de la fecundación).

Una de sus principales características es un rasgo bioquímico: su actina y su miosina son muy especiales, en el sentido de que no puede variar ni su secuencia ni su concentración intracelular, sin el riesgo de graves patologías en el desarrollo cardiaco. Otros tipos de musculatura son más permisivos en este aspecto.

Mutaciones muy sutiles en la miosina, por ejemplo, resultan en graves patologías. La cardiomiopatía familiar hipertrófica, causa de muerte en jóvenes atletas, es una enfermedad hereditaria, padecida por 1 de cada 2000 personas, que puede estar causada por varias mutaciones en la miosina, se caracteriza por un corazón excesivamente grande y unos vasos muy estrechos (hay unos 40 patrones de mutación descritos, por ejemplo el cambio de la arginina 403 por glutamina provoca mutaciones letales en ratón).

3.7.3. Tejido muscular liso

No tiene aspecto estriado, ni sincitial. Su contracción es involuntaria y es el que ocupa todas las zonas de contracción involuntaria excepto el miocardio (vasos sanguíneos, tubo digestivo,…)

3.7.4. Células mioepiteliales

Se trata de células contráctiles, basadas en el sistema actina-miosina, que se encentran diseminadas en dicersas zonas del cuerpo. No presentan aspecto estriado.

Forman la estructura contráctil del iris ocular, rodean a varias glándulas (salivales, mamarias, sudoríparas,...) para facilitar la mecánica del proceso de excreción.

4. LOS TEJIDOS VEGETALES

4.1. Meristemos

Formados por células poco diferenciadas, con elevada capacidad de división. Por tanto la pared celular entre sus células es fina o inexistente, presentando éstas pocos orgánulos de almacenamiento y un elevado tamaño relativo del núcleo.

Distinguimos varios tipos de meristemos:

- primarios → son células que nunca han llegado a diferenciarse más allá de su estado embrionario, por lo que presentan gran capacidad de multiplicación y diferenciación. Se encargan del crecimiento en longitud de la planta. Los encontramos en las zonas apicales del tallo, protegidos por brácteas, o en zonas apicales de raíz, protegidos por la cofia o pilorriza.

- secundarios → se localiza en diversas zonas de la planta, especialmente en zonas engrosadas de tallo y raíz, alrededor de haces de vasos,... Su función es generar el crecimiento en grosor del vegetal y regenerar las células de tejidos concretos.

  o el cambium, se intercala cerca de los tejidos conductores y los regenera
  o el felógeno, se encuentra debajo de la epidermis y forma el tejido suberoso. Produce el crecimiento en grosor de tallos y raíces

4.2. Tejidos conductores.

Se ocupan del transporte de la savia. Encontramos dos grandes tejidos conductores: el xilema, que conduce el agua y sales minerales absorbidas por la raíz, y el floema, que conduce las sustancias elaboradas desde su lugar de síntesis al resto de la planta.

Ambos tejidos están constituidos por células alargadas y son regenerados por el procambium (en época embrionaria) o por el cambium vascular (en la época adulta).

4.2.1. Xilema

Además de estar compuesto de fibras (como elemento estructural) y algunas células de parénquima, los constituyentes más característicos del xilema son los elementos traqueales. Se trata de células muertas, muy lignificadas, que presentan abundantes punteaduras. Hay de dos tipos:
-   traqueidas (propias de gimnospermas y pteridófitos) formadas por células fusiformes unidas entre sí mediante tabiques transversales. Las punteaduras no llegan a ser muy verdaderas perforaciones, aunque son muy abundantes.

-   tráqueas (más características de angiospermas), tubos de células conectadas totalmente por su zona basal, sin punteaduras laterales.

4.2.2. Floema

Se diferencia del xilema, aparte de por el producto transportado, por no presentar las paredes lignificadas y porque sus células constituyentes están vivas. De nuevo, encontramos fibras de resistencia mecánica y células de parénquima, que son casi ubicuas en todo tejido vegetal (aunque en este caso se encargarán en ocasiones de almacenar productos elaborados transportados por el floema). Los elementos estructurales característicos son, no obstante, las células cribosas.

Son células vivas, como he comentado, alargadas y especializadas morfológicamente en la conducción de líquidos. En sus paredes presentan areas cribosas, por las que se comunican con las células de parénquima acompañantes. En plantas superiores (dicotiledóneas y alguna monocotiledónea) los elementos cribosos se disponen en series (tubos cribosos) comunicados entre sí por la placa cribosa. Esta placa está formada por poros rodeados de una sustancia especial (calosa) y son atravesados por plasmodesmos.

4.3. Tejido parenquimático

Se trata de un tejido de relleno, con una estructura bastante común y diferentes funciones específicas dependiendo de su ubicación. Encontramos varios tipos de parénquima, además del genérico o de relleno:

- parénquima de reserva → almacena ciertas sustancias (como almidón, aceites esenciales, pigmentos,...)

- parénquima aerífero →típico de plantas acuáticas, presenta mucho espacio relleno de aire entre las células

- parénquima acuífero → propio de plantas xerófitas, presenta células adaptadas, gracias a paredes celulares ricas en mucílago, a evitar la pérdida de agua

- parénquima clorofílico → se encuentra en el mesófilo de hojas y tallos verdes, interviene directamente en la fotosíntesis (por lo que sus células tienen una gran concentración de cloroplastos)

4.4. Tejidos mecánicos

Confieren a la planta tanto rigidez como elasticidad. Distinguimos dos tipos principalmente.

- colénquima → formado por células vivas que han aprovechado acúmulos de celulosa para engrosar los ángulos de sus paredes. Esta estrategia le confiere gran resistencia y flexibilidad. Se localiza en aquellas zonas de la planta que necesitan resistencia mecánica pero están aún en crecimiento

- esclerénquima → Formado por células muertas cuya pared está enormemente lignificada. Lo encontramos en cáscaras de algunos frutos como nueces o almendras

4.5. Tejidos protectores

Como su nombre indica, controlan el flujo de sustancias entre el exterior y el interior del vegetal, ejerciendo un control protector sobre él.

4.5.1. Epidermis

Es un tejido originado a partir de la protodermis, que es la capa más externa del meristemo apical. Está constituido generalmente por una capa de células (aunque en las raíces aéreas y en las hojas de algunas plantas, como *Nerium oleander*, es pluriestratificada y se denomina velamen). Existen algunas zonas de la planta (caliptra de la raíz, meristemos apicales) que no están recubiertas de epidermis. Por lo demás, la encontramos recubriendo la mayoría de estructuras vegetales. Sus células son básicamente de dos tipos:

- epidérmicas típicas → muy empaquetadas, sin apenas espacios entre sí, compuestas de una pared celular primaria y una lámina media sobre la que se organiza una matriz extracelular estrecha rica en pectinas y una capa de cutina denominada cutícula.

- estomáticas → constituyen los estomas, que comunican el interior de la planta con el exterior de forma selectiva. Están rodeadas de células acompañantes, que regulan la presión osmótica del estoma y su turgencia, modulando de este modo el flujo de aire a través del ostiolo.

4.5.2. Hipodermis

Se agrupan bajo esta denominación una serie de capas celulares situadas debajo de la epidermis y derivadas por diferenciación del parénquima cortical.

4.5.3. Endodermis

Es la capa de células que protege el cilindro vascular. Se trata de la capa más interna de la corteza. Existe sólo en algunos tallos y en todas las raíces.

Está compuesto básicamente por dos tipos celulares: células que presentan una pared celular fina (que permiten el paso de agua y otras sustancias al cilindro vascular) y células que presentan un engrosamiento de lignina y suberina en su pared, denominado banda de Caspary (que evitan el flujo de agua hacia el cilindro central).

4.5.4. Peridermis

Es una capa de células fabricada por el felógeno. Se trata del tejido de protección secundario que reemplaza a la epidermis en tallos y raíces con crecimiento secundario. Protege a la planta de posible infecciones y controla la tasa de transpiración.

4.6. Tejidos secretores

Se trata de tejidos con una localización muy precisa, encargados de secretar sustancias diversas.

Su clasificación, a menudo no responde a un criterio estructural o histológico sino al tipo de sustancia secretada, a la planta de origen, a la localización. Según esto, a mi criterio, existe mucha nomenclatura redundante y se aplican nombres diferentes a glándulas que no presentan diferencias histológicas significativas.

Algunos ejemplos de tejidos glandulares son: glándulas olorosas (segregan aceites volátiles), nectarios (segregan néctar para atraer insectos), glándulas secretoras de mucílago y enzimas digestivas (presentes, por ejemplo, en plantas insectívoras), laticíferos (segregan látex),etc. (la nomeclatura es abundantísima y resultaría no sólo excesivo sino poco riguroso por lo que he comentado anteriormente, hacer una mención de todos los nombres que encontramos).

5. CONCLUSIÓN

La histología, que podemos considerar "fundada" por las primeras observaciones microscópicas de Marcello Malpighi alrededor del año 1600, es la ciencia que estudia los tejidos (la palabra griega "histós" puede traducirse por "tejido"). Su desarrollo ha sido, como el de la mayoría de las ciencias que describen a los seres vivos, creciente desde aquellas primeras observaciones.

El nivel tisular se basa, por decirlo de alguna forma, en los niveles de estructuración inferiores y de alguna manera sustenta los niveles superiores. Es este el hilo conductor que he tratado de establecer en esta exposición que ahora concluyo.

Bibliografía útil:

ALBERTS, B. y otros. (2004) "Biología molecular de la célula", 4°ed, Ed. Omega.

BECKER, W.H. (2007) "El mundo de la célula", Ed. Adison-Wesley

PANIAGUA, R. y otros (2007) "Citología e histología vegetal y animal", Ed. Mc Graw-Hill

VOET, D. y otros (2007) "Fundamentos de bioquímica: la vida a nivel molecular", Ed. Panamericana